21世纪全国高等院校艺术设计系列实用规划教材

时装画技法

周启凤　谢秀红　李　填　王银华　著

内 容 简 介

本书以时装绘画为中心，技术交流为宗旨，时装表现技法为核心，市场运作为导向，寻找解决时装绘画的方法为根本。从服装的艺术角度、实用角度和审美角度探讨时装画技法的要点，解析在服装生产或教学中时装绘画技法与新技术、新材料的综合运用。

本书共分十一章，包括服装人体知识、工具、材料和线描稿准备、水彩画技法、水粉画技法、彩色铅笔画技法、麦克笔画技法、色纸画技法、电脑画技法、综合画技法、款式图的绘画技法、时装效果图的绘画技法。其中，水彩画技法为重点，麦克笔画技法为难点。全书从生产应用出发，深入实践，讲述了时装画技法的要领，展示了服装画技法原创技法，具有真实性、原创性、专业性和科学性。

本书既可作为服装企业设计技术参考用书，也可以作为高等院校服装设计专业教学使用，还可作为服装爱好者的技术学习与参考用书。

图书在版编目(CIP)数据

时装画技法/周启凤，谢秀红，李填，王银华著. —北京：北京大学出版社，2013.1

(21世纪全国高等院校艺术设计系列实用规划教材)

ISBN 978-7-301-21966-9

I. ①时…　Ⅱ.①周…②谢…③李…④王…　Ⅲ.①时装—绘画技法—高等学校—教材　Ⅳ.①TS941.28

中国版本图书馆CIP数据核字(2013)第011696号

书　　　名：时装画技法

著作责任者：周启凤　谢秀红　李　填　王银华　著

策 划 编 辑：孙　明

责 任 编 辑：孙　明

标 准 书 号：ISBN 978-7-301-21966-9/J · 0491

出 版 发 行：北京大学出版社

地　　　址：北京市海淀区成府路 205 号　100871

网　　　址：http://www.pup.cn　新浪官方微博：@北京大学出版社

电　　　话：邮购部 62752015　发行部 62750672

编辑部 62750667　出版部 62754962

电 子 信 箱：pup_6@163.com

印　刷　者：北京大学印刷厂

经　销　者：新华书店

787mm × 1092mm　16开本　13.75印张　318千字

2013 年1月第1版　2013 年1月第1次印刷

定　　　价：58.00元

前　言

服装画技法是服装设计师的基本能力，服装企业需要设计师要有多年设计经验的同时，还需要其服装绘画的表现能力和创造能力。做好设计师，首先要做好三个结合，即艺术、绘画和设计的结合，三者缺一不可。其次还要掌握人体工程学知识，准确地把握人体的曲线、人体三围尺度；掌握服装材料学，不同的服装面料所具有的不同性能，准确地掌握服装的伸缩率、缩水率、折转率等。除了要正确地绘制服装款式图、效果图，还要不断地完善设计的后期工作，如服装设计的材料配置、服装的尺码要求、服装的加工工艺、服装市场营销等。服装设计是一个精致的工程，需要非常细心，来不得半点马虎。设计师要紧跟生产进度，无论在哪个环节发现问题，都要及时解决问题，要把问题解决在半成品之前，决不能等到生产出成品之后才发现问题，从而导致生产流水线的停滞和经济损失。

本书的出版是时代和专业发展的需要，它揭开了服装设计技术神秘的面纱，打破了传统的纯艺术或纯绘画的模式，是绘画与设计结合的产物，它积淀了笔者多年的努力和辛勤的汗水，也是笔者奉献给朋友们的一份厚实的礼物。以技会友，互相切磋，共同发展。不管是艺术绘画，还是服装设计表现，笔者严格要求自己，尽可能把设计图表现得完美些、全面些、科学些、实用些、合理些。本书言简意赅，看图说话，淋漓尽致地展现设计师的原始稿件，绘画形式多种多样，表现技法新颖，服装款式具有原创性、美观性、实用性和价值性。

但由于笔者水平有限，实践能力仍处在提升阶段，还存在许多不足之处，期待您的指教！我的电子信箱是zqifeng29@163.com，再次感谢你们的支持！

周启凤

2013年1月

目 录

第一章 服装人体知识 ………………… 1

第一节 人体比例 ………………… 2

第二节 不同性别与年龄段的人体比较 …… 4

第三节 人体结构表现 ………………… 8

单元训练和作业 ………………… 16

第二章 工具、材料和线描稿的准备 …… 17

第一节 工具与材料的准备 ………………… 18

第二节 线描稿的准备 ………………… 23

第三节 人物组合与构图 ………………… 36

单元训练和作业 ………………… 45

第三章 水彩画技法 ………………… 46

第一节 水彩画的特点 ………………… 47

第二节 水彩画技法的步骤 ………………… 47

第三节 水彩画技法表现 ………………… 49

单元训练和作业 ………………… 63

第四章 水粉画技法 ………………… 64

第一节 水粉画的特点 ………………… 65

第二节 水粉画常用的工具和材料 ……… 65

第三节 水粉画的技法与步骤 ………………… 66

第四节 水粉画技法表现 ………………… 70

单元训练和作业 ………………… 79

第五章 彩色铅笔画技法 ………………… 80

第一节 彩色铅笔画的特点 ………………… 81

第二节 彩色铅笔画常用的工具和材料 … 81

第三节 彩色铅笔画的技法与步骤 ……… 82

第四节 彩色铅笔的色彩变化 ………………… 85

第五节 彩色铅笔画技法表现 ………………… 88

单元训练和作业 ………………… 92

第六章 麦克笔画技法 ………………… 93

第一节 麦克笔画的特点 ………………… 94

第二节 麦克笔画的技法与步骤 ………… 94

第三节 麦克笔画的色彩变化 ………………… 101

第四节 麦克笔画技法表现 ………………… 105

单元训练和作业 ………………… 112

第七章 色纸画技法 ………………… 113

第一节 色纸画的工具与材料 ………………… 114

第二节 色纸画的技法与步骤 ………………… 114

第三节 色纸画技法表现 ………………… 116

单元训练和作业 ………………… 125

第八章 电脑画技法 ………………… 126

第一节 CorelDRAW绘制技法与步骤 ………………… 127

第二节 Photoshop的绘制技法与步骤 ………………… 127

第三节 其他软件绘制法 ………………… 128

第四节 电脑软件综合绘制法 ………………… 133

单元训练和作业 ………………… 140

第九章　综合画技法 141

第一节　综合画技法的表现要素 142
第二节　时装画技法的美学特征 145
第三节　时装画的技法与表现 150
第四节　时装画技法的构成要素 153
第五节　时装画技法的艺术法则 159
单元训练和作业 163

第十章　款式图的绘画技法 164

第一节　款式图绘制要求 165
第二节　款式图的绘制方法 167
第三节　款式图的绘制步骤 168
单元训练和作业 187

第十一章　时装效果图的绘画技法 188

第一节　时装效果图的绘画方法分类 189
第二节　时装效果图的构图形式 196
第三节　时装效果图的表现形式 197
第四节　时装效果图欣赏 199
单元训练和作业 211

参考文献 212

第一章 服装人体知识

本章要求和目标

◆要求：服装人体知识是服装画技法的基础，要求严格按照人体比例和结构关系绘制人体动态，把握人体运动规律，使服装绘画具有较强的生命力。

◆目标：正确地掌握服装人体知识，了解人体比例与结构关系，掌握能独立绘制人体的各种姿势的能力，为学习服装画技法打下扎实的绘画基础。

本章要点

- ◆ 人体比例
- ◆ 不同性别与年龄段的人体比较
- ◆ 人体结构表现

人是衣着的主体，离开人体谈服装会显得十分空洞。人体由骨骼、肌肉、关节等部分组成，其结构非常复杂，所以，不同性别与年龄段的人体比例和结构各不相同。人体在运动的过程中，它们有机地结合在一起。服装画技法就是建立在各部位组成的人体的基础上完成各种服装效果的绘制技巧，通过各种工具淋漓尽致地表现人体的艺术美和形式美。在服装绘画艺术形式美的表现中，人体比例是一个重要环节，会直接影响到人体着装效果。

第一节　人体比例

所谓人体比例（Proportion）是指人体与各个体部之间的大小比较，通常是指人体各个体部间的长度比例，并且以数量的形式来体现。人的形体比较复杂，一般由头部、躯干、上肢和下肢四大部分组成。

头部包括脑颅、面颅和发型三部分。脸部主要由眼、嘴、耳、鼻组成。躯干分为颈、胸、腹、背、髋等部分。上肢分为肩、上臂、肘、前肩、腕、手等部分。下肢分为大腿、膝、小腿、裸足等部分。就其研究方式来讲，有三种方法：基准法、黄金分割法和百分比法。其中基准法在服装设计中较为常用，也就是以头部的长度为基准而求其与整个身长的比例。

例如：头的长度为20cm，那么，整个身高就是170cm，即服装设计表现中的标准人体比例是8个半头长的人体。在服装的理论研究领域，除以头长为基准之外，还有以鼻长、面长、中指长、手长、脚长等为基准的。本书介绍的是以头长为基准的人体比例，正常人体为7个半头长，而服装画技法以8个半头长。8个半头长人体的具体比例分段为如下。

第一头长：自头顶至下颌底

第二头长：自下颌底至乳点以上

第三头长：自乳点以下至腰部

第四头长：自腰部至趾骨联合

第五头长：自趾骨联合至大腿中间

第六头长：自大腿中间至膝盖

第七头长：自膝盖至小腿中上部

第八头长：自小腿中上部至裸部

第八个半头长：自裸部至地面

其中，手的长度约等于面部的长度；脚的长度约等于头的长度。上肢自然下垂时手处于大腿的中部，上臂略长于头的长度，下臂约等于头的长度。

女性人体的比例分段示意图如图1-1至图1-3所示。

由于人们审美观念的差异，以及人体本身的实际比例不同（东西方人的身高相差约为半个头长），因此，在世界服装领域内，特别是反映到服装教学过程中的服装人体比例，不同的国家与种族（白种人、黄种人和黑种人）会有所不同。例如：美国纽约时装工艺学院服装教学中的人体比例为9个半头长左右；日本东京文化时装学院的服装教学中的人体比例为8～10头长；时装之都法国巴黎的埃斯莫德（ESMOD）时装设计学院的服装人体比例常常是10个头长以上。当然，服装人体比例也伴随着时尚和服装文化的发展而变化，各国、各种族之间均有所不同。

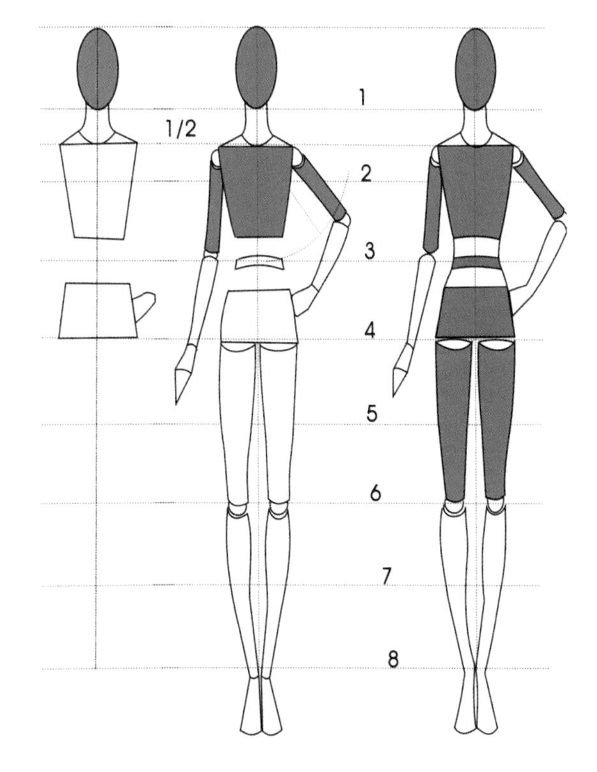

图1-1　女性人体比例分段示意图（一）

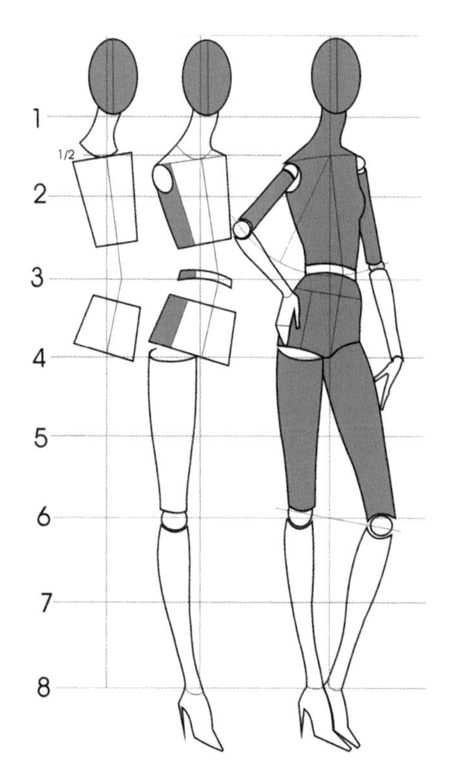

图1-2　女性人体比例分段示意图（二）

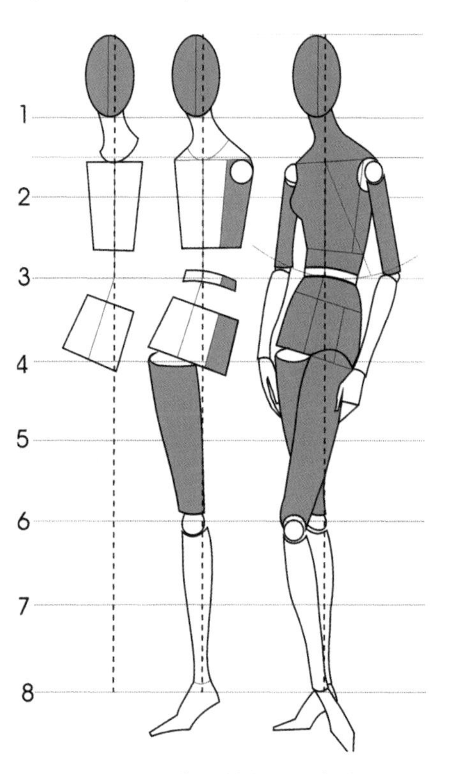

图1-3　女性人体比例分段示意图（三）

第二节　不同性别与年龄段的人体比较

由于性别的不同，男、女在生长发育过程中，人体比例的变化有较大的差别，幼儿时不太明显，但随着其成长，变化也越来越明显。这里按以下几种人体进行的比较分析，让我们更深入地了解不同性别的人体及其成长过程中的变化规律，有助于我们更好地进行服装设计的表现。

一、女性的身体特征

女性的身体特征如下：

（1）女性的体型较窄，其最宽部为2个头宽。

（2）女性的下颌较小，颈部细而长。

（3）女性的乳头位置比男性稍低，距脐约1个头长。

（4）女性的腰线较长，腰宽为1个头长，肚脐位于腰线稍下方位置。

（5）女性的股骨和大转子向外隆出，臀部丰满低垂，其正面比胸部宽，背面则比胸部窄，关键是由胸部两腋间距前窄后宽所致。

（6）女性的大腿平而宽阔，富有脂肪，从膝向下画小腿可以稍微画得长些。

（7）女性的臂肌较小且不明显，手较小而较嫩，腕和踝较细弱，足较小略呈拱形。

一般来说，女性体形苗条，肌肉不太明显，头发、胸部和盆骨是女性的明显特征。一个简单的划分女性身体比例的方法是：1/3至膝、2/3至腰、3/3至头顶。

女性的身体特征示意图如图1-4至图1-8所示。

二、儿童的身体比例

1. 婴儿

1～3岁的婴儿，其身高为3～4个头长，五官占1/3脸部，腿短而肥胖，颊部丰满圆润，下颌短低，上唇稍显突出，小圆鼻，小耳朵圆厚，眼睛大而有神采，且好动。婴儿的肉体富有脂肪，出生时平均身高为50cm，平均体重为3公斤左右。出生后的2～3个月内，身高可增加10cm左右。

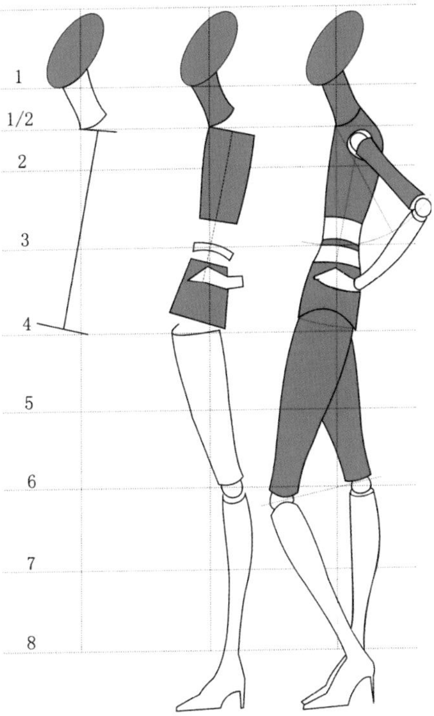

1
1/2
2
3
4
5
6
7
8

图1-4　女性的身体特征示意图（一）

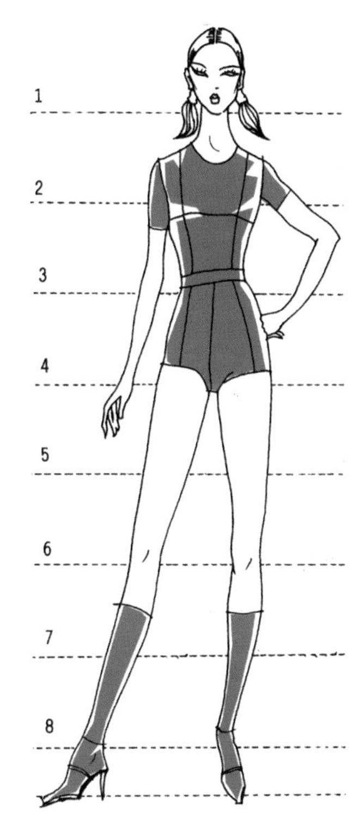

图1-5　女性的身体特征示意图（二）

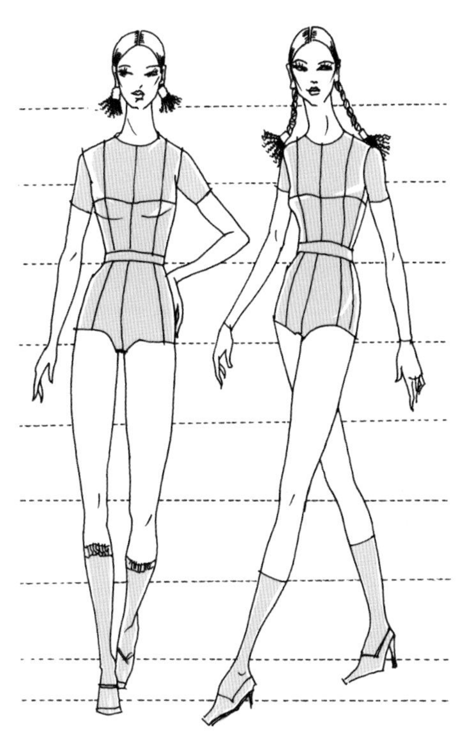

图1-6　女性的身体特征示意图（三）

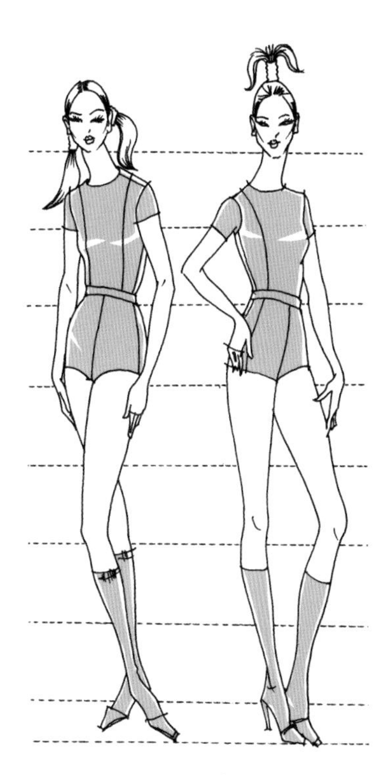

图1-7　女性的身体特征示意图（四）

图1-8 女性的身体特征示意图（五）

图1-9 儿童的身体比例示意图

2. 幼儿

4～6岁的幼儿，其身高为5个头长，五官仍占脸部的1/3，但五官形象比幼儿更为明显，比婴儿时腿长得长了一些，身体肥胖，圆圆的肚子，身高、体重都有明显的增加。4岁后，体重、身高的增加速度比较固定，每年体重均增加1.5kg，身高则增加5～6cm。这一时期的儿童智力、体力等发展很快，已进入唱歌、跳舞、画画、识字的时期。男孩与女孩在性格上也出现了一些差异。

3. 少年

6～12岁的少年，其身高为7个头长，他们有较长的腿和手臂，其原有的婴儿脂肪正在逐渐减少，显露出膝、肘等部位的骨骼并具有成年人人体的特点。这一时期是儿童运动机能和智力发展显著的时期。生活范围从幼儿园、家庭转到学校，学习成为生活的中心。男女的性格、体型差异也日益明显。

儿童的身体比例示意图如图1-9所示。

4. 青少年

13～17岁的青少年，其身高为8个头长。在比例上，他们修长的腿和身材已趋于成年人，其骨骼上的变化也显而易见。由于生理的明显变化，他们从心理上注重自身的发育，情绪容易波动，喜欢表现自我，开始注意着装打扮，喜怒哀乐较为明显。

青少年的身体比例示意图如图1-10、图1-11所示。

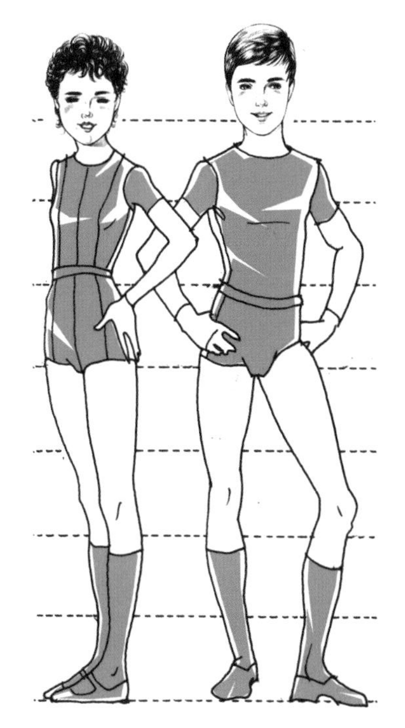

图1-10 青少年的身体比例示意图（一）

图1-11 青少年的身体比例示意图（二）

三、男性的身体比例

熟悉男性和女性体型之间的比例变化是很重要的。希望大家从一开始就能留意到这样一个事实：“男性与女性的身体比例从头到脚都是有区别的。”

男性的身体比例特征如下：

（1）肩的宽度为2又1/3个头宽，两乳的间距为1个头宽。

（2）腰部宽度略小于1个头长，腕恰好垂在大腿分叉的平面上。

（3）肩居于人体高的1/6处。

（4）双肘约居于肚脐的水平线上。

（5）双膝正好在人体高的1/4偏上处。

男性与女性身体的主要区别是在盆骨上，男性的盆骨比女性的盆骨浅。此外，男性骨骼和肌肉结实丰满，这是在绘画时要予以充分注意的一点。

男性的身体比例示意图如图1-12、图1-13所示。

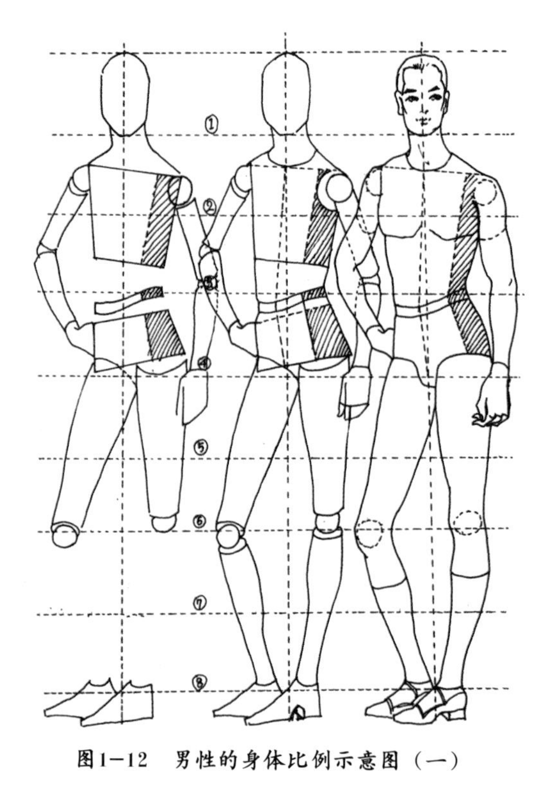

图1-12　男性的身体比例示意图（一）

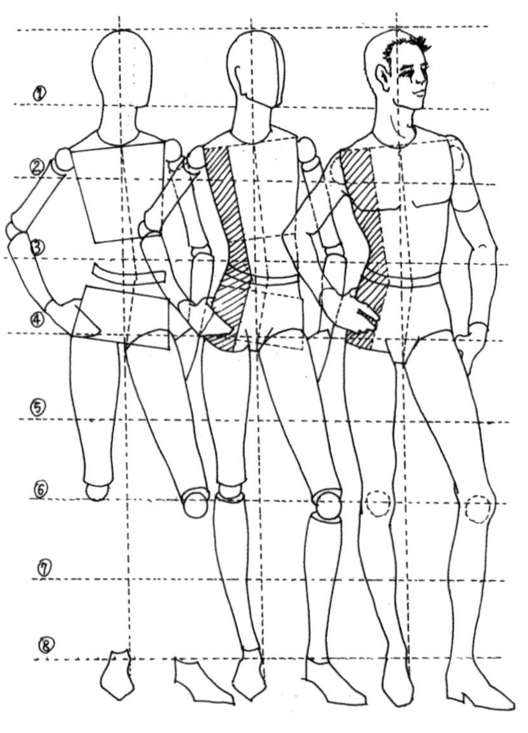

图1-13　男性的身体比例示意图（二）

第三节　人体结构表现

一、头部结构的表现

头部包括脑颅、面颅和发型三部分。脑颅包括颧骨、眼眶以上的部位；面颅包括脸的五官部分。人的头部的基本形是卵圆形，有方脸盘、圆脸盘、鸭蛋脸和瓜子脸等，形象地概括了头型的特征。中国古代画论曾用“八格”来概括头型，即用“田、国、由、用、目、甲、凤、申”八个字来形容头部的形状，恰到好处。在学习人体绘画以前，首先要进行人物头像的写生训练。不同性别、不同年龄的人物，其头部的特点都有所区别。头部的五官往往会反映人物的个性特征及内心世界。在服装人体表现中，头部一般采取简练而概括的处理方法，抓住最美的东西，生动、重点地表现出来，这种简练必须建立在扎实的绘画基础之上，而不可以草率行事，更不能画成漫画式、夸张式或卡通式的效果，如图1-14所示。

好的人体脸部表现，可以为整个服装起到“画龙点睛”的作用。设计作品如果针对某一特定年龄、典型人物及顾客的意图进行脸部表现，就会因为穿上这种专门设计的服装感到高兴，从而产生“占有欲”，这就达到我们的设计表现的目的。

二、眼睛的表现

眼睛能传达人的情感，表现人的喜怒哀乐。它在头部表现中占有非常重要的地位。眼睛的形状多种多样，但概括起来大致有大、小、圆、长和短这几种。

眼睛包括眼眶、眼睑和眼球三部分。眼球由瞳孔、虹膜和巩膜组成。眼球嵌于眶内，有上、下眼睑，在眼眶上缘长着眉毛，呈“x”形交错，眉头在眉弓之下，眉梢在眶上缘的上方。男性和女性的眼睛在表现上是有差异的，女性利用化妆品使她们的眼睛显得更大。眉毛纤细，柳弯眉较多，眼睛传情、柔美（图1-15）。男性的眉毛较为粗黑浓重，眼睛也近于偏圆，皱眉锁眼，用笔要粗犷豪放，富有个性。

三、嘴的表现

嘴部的基础构架由上颌骨和下颌骨及牙齿构成。上嘴唇较宽，形如拱形。上唇中部在人中，中间呈浅浅的凹陷，形状像一个被拉开伸展成扁形的“M”形；下嘴唇外形像一个拉开的“W”形。

不同性格的人有不同的嘴形。一般为闭合式和自然张开式，微笑时两嘴角上翘，少许露牙。嘴分上唇和下唇，中间为唇裂线，一般下唇比上唇厚，男性趋向偏宽形，女性较男性丰厚。根据不同的特点和需要，女性一般用唇膏、口红来修饰，不同的性格也采用不同的口红色彩来表现。在素描的学习中，有“三停五眼”的说法，“三停”是指将发际至下颌之间分为三部分，一停在眉线，二停在鼻底线，三停在下颌线。“五眼”是指从正面角度看，脸的宽度为五只眼睛的长度之和，而眼睛在头顶至下颌线的1/2处。

四、耳、鼻的表现

耳由外耳轮、内耳轮、耳垂和耳屏组成。耳朵的大体轮廓像一个“C”形，上端比较宽，下端比较窄。耳的位置在眼睫毛与鼻底线之间的高度上。鼻子的上部分（鼻梁）由鼻骨和附在上面的软骨组成；下端是椭圆形的鼻尖部，里面结构为鼻中隔，两个鼻翼也是软骨，其形状向外下方倾斜。鼻子的处理要把握其正面、侧面及半侧面的典型角度，注意其仰视和俯视的透视变化。

概括地说，人物五官的塑造与表现都应进行深刻的研究与长期的写生实践，人物的表情与五官息息相关，人的面部表情由情感而引起，且非常丰富，主要的表情不外乎喜、怒、哀、乐、愁、惊等几种。表现人物五官有一句顺口溜：画人笑，眉开眼弯嘴上翘；画人哭，眉掉眼垂口下落；画人怒，瞪眼咬牙眉上竖；画人愁，垂眼落口皱眉头。

五、发型结构表现

在服装设计表现中，发型也是至关重要的，它是服饰美的重要因素之一。不同的脸型，应配搭相应的发型。同是一种发型，由于脸型的差异，常常会产生不同的装饰效果。同一张脸型，同样也可以配搭多种发型。所以，发型的表现是要根据每个人的具体脸型、颈部的长短、内在的气质及服装的造型效果来决定的，使其脸型、发型和服装三者形成一个有机的、美的整体（图1-16）。不顾这种具体的要求而一味去追求流行发式是不可取的。在流行发式中，有款式的变化、颜色的变化与搭配的变化等。应根据潮流、时代的发展，并根据自身的个性及服装的搭配，置以相应的发型和发色头饰。同时，设计表现者要懂得化妆知识，充分利用现代的护肤化妆品，把自己作品中的人物头像装饰得更加亮丽、更加传神，更加具有魅力。时装画是一种静的语言，就应该表现静的美感。

六、上肢与下肢的结构表现

1. 上肢

上肢主要由上臂、下臂、手三部分组成。手是上肢的重要组成部分。手的结构由腕骨、掌骨、指节骨三部分组成。手的结构比较复杂，才有“画人难画手”的说法。所以，要深入理解与反复实践。女性手指纤细、修长、柔美且富有弹性，表面较平滑，各关节处骨骼显露和肌腱不明显，所以线条较流畅，中间起伏小。与此相反，男性的手则应画得粗壮一些。线条要有力度。方直而且硬挺，骨节明显一些。手有五指：拇指、食指、中指、无名指和小指，在简略的画法中，重点放在手的外形和整体的表现上，而手指细节不一定面面俱到，如图1-17所示。

图1-14 头部绘制样稿

图1-15　女性眼睛的表现样稿

图1—16 发型表现样稿

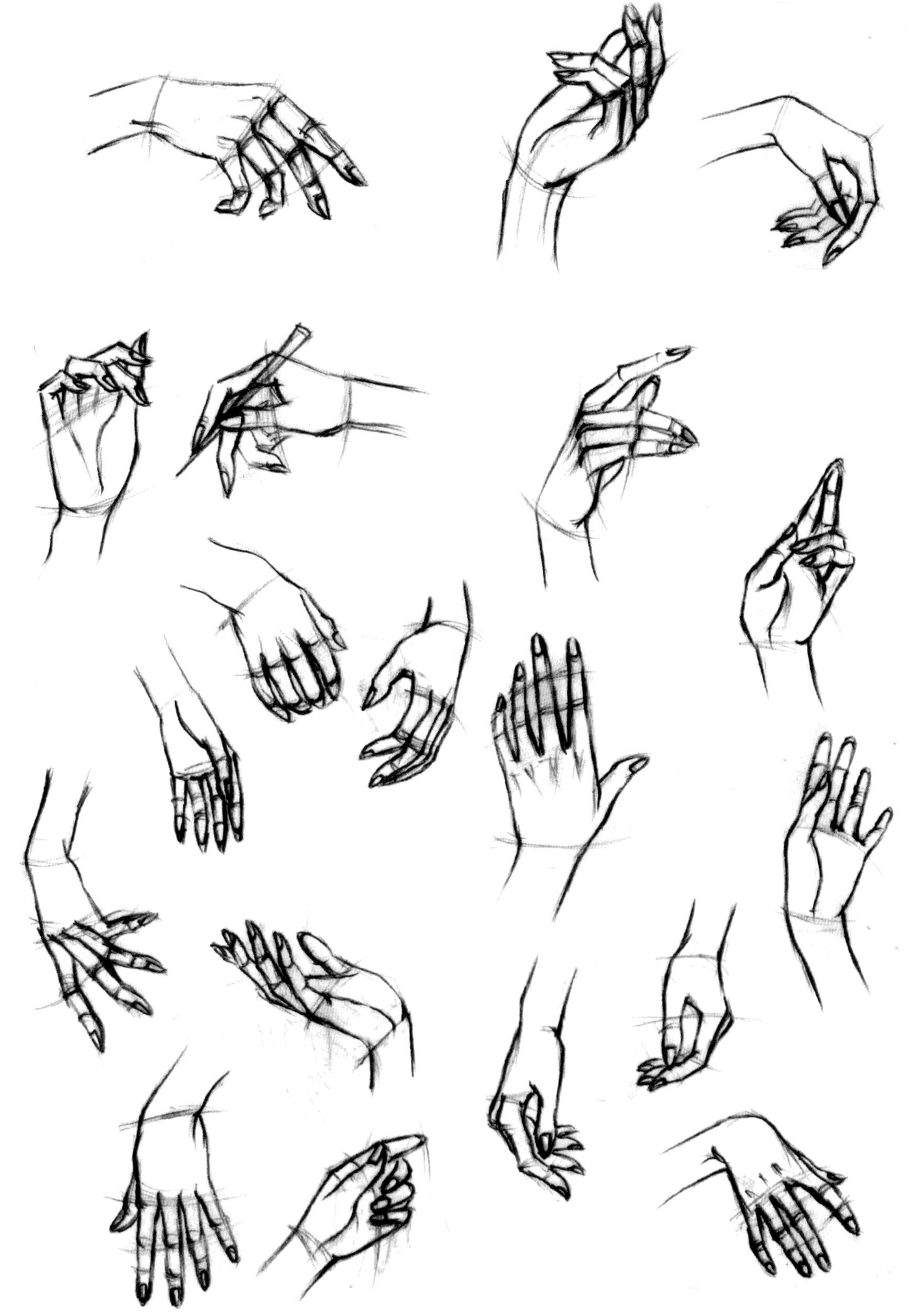

图1-17 手的结构表现样稿

2. 下肢

人的下肢由大腿、小腿、足部三部分组成。足部主要以脚为主。脚由脚趾、脚掌和后跟三部分组成。三者构成一个拱形的曲面，站立时一般是脚趾部分和脚后跟着地。在服装设计表现中，脚一般都是穿着鞋的，尽管如此，我们一定要知道脚的内部结构，鞋只是一个附属品，女性脚在长度上必须稍加夸张。才能使女性显得修长，与手一样脚的尺寸相当于1个头长，所以画女性的脚时线条应柔顺些，造型优美些，骨骼也应是柔韧的。而男性的脚是骨骼很大，姿势平稳，但画法与女性的相似。同样的脚穿上不同的鞋也有不同的效果，大部分以鞋面为主，但要使人感觉到鞋内脚的结构、实体所在。脚的活动主要在踝关节和脚趾部位。下肢的运动主要在髋关节、膝关节、踝关节等部位。

手和脚的结构表现及女鞋的绘制如图1-18至图1-20所示。

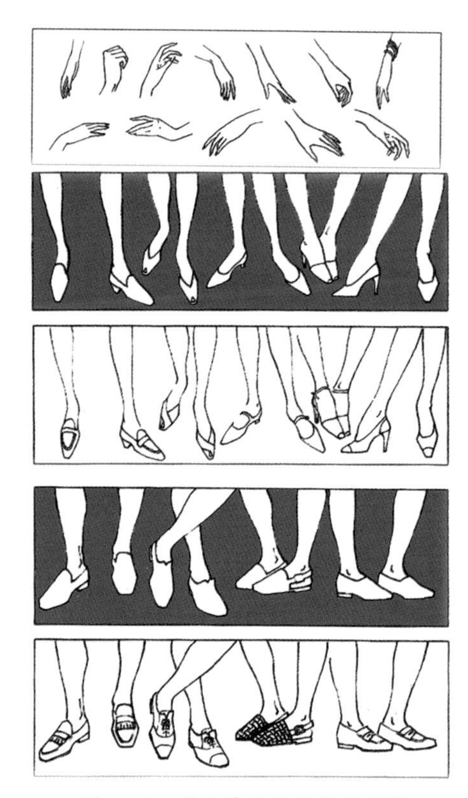

图1-18 手和脚的结构表现样稿

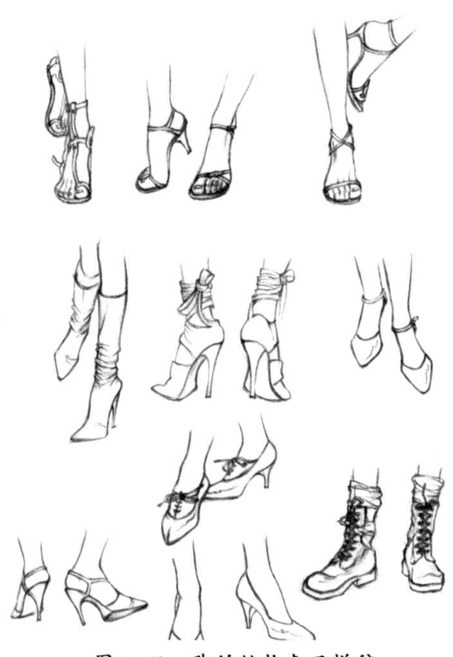

图1-19 脚的结构表现样稿

图1-20 女鞋的绘制手稿

单元训练和作业

1. 课题训练

课题内容：成年男性、女性和儿童的正面、侧面人体动态绘画练习。

课题时间：8课时。

教学方法：教师示范绘制步骤及过程，学生同步进行。采用几何法、人头比例法和骨架法等进行训练。

要点提示：成人男性和女性以8个半头长来绘制，儿童人体在不同的年龄阶段体现不同的比例关系。

教学要求：要求掌握人体绘画步骤，熟能生巧。

训练目的：掌握成年男性、女性和儿童人体的绘制方法，为各种服装画技法打下良好基础。

2. 理论思考

比较成年男性、女性和儿童人体各自有什么特点？怎样才能掌握熟练绘制各种人体动态的技巧？

第二章 工具、材料和线描稿的准备

本章要求和目标

◆要求：合理安排线描稿构图，要有完整的人体动态；人体结构要准确，比例关系无误。充分体现线描稿的点、线、面和黑、白、灰关系，要求线描稿就是一个完整的作品。

◆目标：了解工具与材料的性能，充分发挥工具与材料的作用。准备动态完美、结构清晰的线描稿，为服装画技法做好充分准备。

本章要点

- ◆ 工具与材料的准备
- ◆ 线描稿的准备
- ◆ 人物组合与构图

在前一章的学习里，我们掌握了服装人体动态，掌握了人体结构和人体的比例关系。要实现服装画技法的表现，首先要找到一种绘画媒介及材料，然后才能通过我们的双手用服装画技法来表现，并且还要做好单色线描稿的准备工作。材料的准备是前提条件，人体知识的学习、线描稿的准备是过程，绘画技法的表现效果是结果。

第一节　工具与材料的准备

一、纸类

绘制时装画常用的纸主要有如下几种，如图2-1(a)所示。

(a) 纸类

(c) 颜料类

(b) 笔类

图2-1　常用的工具与材料

（1）水粉纸：纸纹较粗，有一定的吸水性，易于颜料附着。绘制时装画最为常用。

（2）水彩纸：纸纹有粗细之分，纸质坚实，经得住擦洗。因作画时使用大量水分，其特有的凹凸不平的颗粒，能有效地留存水分，呈现其润泽感，所以绘制时装画最为常用。

（3）素描纸：一般适合画铅笔素描，纸质不够坚实，上色时不宜反复揉擦，吸水能力过强，如果一定要用它来画色彩作品，颜色易灰暗，因此画色彩时，应适当将颜色调厚加纯。由于这种纸张不易平展，如用水性强的颜料，就应将纸张裱在画板上之后作画。

（4）拷贝纸：纸张较薄，为透明色，多用于工程制图，也可用来拷贝画稿。有时也可利用透明、半透明正反面结合着色，营造出特殊的表现效果。

（5）宣纸：分生宣、熟宣和皮宣。生宣纸质地较薄，吸水性能强，适用于渗透效果；熟宣不易吸水，适用工致笔法的刻画；皮宣介有生宜、熟宣之间的吸水性，可用来表现带有中国画风格的时装效果图。

（6）色粉画纸：质地略粗糙，带有齿粒，适用于色粉附着。色粉画纸一般都带有底色，常用的有黑色、深灰色、灰棕色、深上黄色和土绿色等。绘制时装画时，可巧妙地借用纸张的颜色作为背景色。

（7）白板纸：质地较薄，色彩偏黄，吸水性能极差，不适合使用水粉、水彩等以水调和的颜料，只适用于起铅笔草稿或画速写，现在更多使用复印纸代替。

（8）卡纸：质地洁白、光滑，有一定的厚度，吸水性能差，不易上色，易出笔痕。高度光滑的纸质更有排斥水分的现象，有时用适量洗洁净可以克服这种现象。如想要达到色彩均匀的效果不要选择这种纸张。而黑卡纸、灰卡纸在时装画中，多用于裱画，有时也可利用卡纸的色彩作为背景色进行创作。

（9）特种纸：纸张厚薄规格较多，纸质坚实，有多种颜色，适用于水粉、水彩、铅笔等多种工具进行绘画表现。

二、笔类

绘制时装画的画笔有三种作用：起稿、勾线和涂色。常用的笔（图2-1）有如下几种。

（1）铅笔：有软硬之分，软质的型号是B～8B，硬质的型号是H～12H，铅笔在时装画中多用于绘制草稿，一般常选用软硬适中的HB铅笔。

（2）彩色铅笔：有多种颜色，作用与铅笔相同，在时装画绘制中具有独特的表现力。

（3）炭笔：有碳素笔、炭画笔、炭精条和木炭条。碳素笔的笔芯较硬，炭画笔的笔芯较软。炭笔颜色较一般铅笔浓重，笔触粗细变化范围较大，适合画素描风格的时装画，有时辅助其他工具绘制小面积效果图使用。

（4）水溶铅笔：有多种颜色，兼有铅笔和水彩的功能。着色时有铅笔笔触，晕染后有水彩效果。

（5）绘图笔：也称针管笔，笔尖粗细为0.1～0.9mm之间，一般配合使用黑色墨水，常适用于勾线及排列线条。

（6）圆珠笔：带有油性，在时装效果图表现中，一般在绘制局部面积时做辅助工具使用，其作用类似于钢笔。

（7）麦克笔：分水性、油性两种，多为进口。有多种颜色，色彩种类丰富，不宜调混，宜直接使用。其透明感类似于水彩，与彩色水笔有其类似的绘画效果。

（8）蜡笔：有多种颜色，有一定的油性，笔触较为粗糙。

（9）油画棒：有多种颜色，有一定的油性，笔触较为粗糙。

（10）色粉笔：以适量的胶或树脂与颜料粉末混合而成。不透色，极具覆盖力。无需调色，直接使用。因为色粉易脱落，故需要喷上适量的定画液或发胶。

（11）毛笔：有软硬之分。软质的为羊毫，常用的有白云笔（分大、中、小号），这类笔柔软，适用于涂色面；硬质的为狼毫，有狼圭、红毛、叶筋、衣纹和花之俏等，这类笔锋坚挺，适用于勾线。

（12）水粉笔：有两种类型：一是羊毫与狼毫混合型，另一是尼龙型，笔头形有扇形、扁平形，在绘制时装画时多用扁平笔头的羊毫与狼毫混合型。

（13）水彩笔：笔头形分有圆形和扁平形。

（14）排刷：有大、中、小号之分。一般在绘画中使用软质排刷。多为涂大面积的背景或裱画刷水时用。

三、颜料类

绘制时装画最为常用的是水粉色和水彩色，如图2-1（c）所示。

1. 水粉色

水粉色也叫广告色、宣传色，常见的有锡管装、瓶装。国内常用的品牌有马利牌，国外的品牌为樱花牌。水粉具有覆盖力强、易于修改的特性。使用水粉颜料要特别注意变色的问题，一般水粉色在潮湿状态下色彩深而鲜明，即将干时更深，但当颜料全部干透后，在明度上普遍变淡，但也有个别色彩，如黑灰反而变深，因此需要不断地实践才能逐渐掌握它的特性。

常用的水粉颜色如下。

红色类：朱红、大红、玫瑰红、土红、深红。

黄色类：柠檬黄、淡黄、中黄、土黄、橘黄。

绿色类：淡绿、粉绿、中绿、深绿、橄榄绿、墨绿、草绿、翠绿。

蓝色类：钴蓝、湖蓝、群青、普蓝、孔雀蓝、酞青蓝、深蓝、鲜蓝。

紫色类：青莲、紫罗兰。

黑色类：煤黑。

灰色类：中性灰、深灰。

棕色类：赭石、熟褐。

光泽色：金粉、银粉。

2. 水彩色

国内常用的水彩颜料品牌有马利牌，国外品牌为温莎牛顿。水彩具有透明、覆盖力较弱的特性。

常用的水彩颜色如下。

红色类：朱红、大红、玫瑰红、土红。

黄色类：柠檬黄、淡黄、中黄、土黄、橘黄。

绿色类：淡绿、粉绿、中绿、深绿、橄榄绿、墨绿、草绿。

蓝色类：钴蓝、湖蓝、群青、普蓝、孔雀蓝。

紫色类：青莲、紫罗兰。

黑色类：煤黑。

棕色类：赭石、熟褐。

四、其他辅助工具

在绘制时装画时，除了需要纸、笔和颜料之外，还需要一些辅助工具（图2-2），主要辅助工具如下。

（1）橡皮：橡皮有软硬之分。画时装画时多选用软质橡皮，以避免擦涂时损伤纸面。

（2）尺子：画时装画时多选用直尺，主要用于画边框。

（3）笔洗：涮笔之用，一般使用瓶、罐、小桶也可以。

（4）调色盒：用来调色并存放颜料的塑料盒。色格以多而深为好，一般以24格为宜。最好为调色盒配备一块湿润的海绵（或毛巾布）盖在色格上面，以防颜料干裂。

图2-2　常用的辅助工具

（5）调色盘：特制的调色盘为塑料浅格圆形盘。也可以用调色盒盖、搪瓷盘等替代。

（6）画板：为绘画而特制的木质板。根据画面尺寸可选择大、中、小号。画时装画一般选用中号或小号即可。

（7）刀子：用于削铅笔和裁纸。

（8）喷笔：由气泵和喷枪两部分组成。适合用于表现细腻且大面积的喷绘色彩。

（9）牙刷：通常将干湿适度的颜料用毛笔涂抹在牙刷上，以手指拨弹，可作为喷笔的廉价替代品。一般用于局部。

（10）各种固定纸张的工具：胶水、双面胶带、胶带（透明、不透明）、夹子、图钉。

第二节 线描稿的准备

线是时装效果图造型表现中的重要基础元素。在画线描稿时选择的画笔种类不同，运笔的力度轻重不一，都会产生迥异的勾线效果，比如虚实、顿挫和转折等。在时装画中可以借鉴中国画的用线方法来表现面料的质感、衣纹或皱褶。常见线绘画的分类如下。

勾线：一般指细线。它的特点是线迹均匀、流畅细腻。勾线效果类似于中国画中的白描。这类勾线通常用铅笔、绘图笔或狼毫笔等。

粗线：粗线的特点是浑厚有力、粗犷豪放。这类粗线通常用毛笔、麦克笔等工具。

粗细线：粗细线集勾线和粗线的特点为一体，线条的变化使人物形象更加生动。这类线条通常使用毛笔或弯头钢笔。

最为常用的勾线工具是毛笔、钢笔、针管笔和一次性线笔。毛笔可以算是表现力最丰富的画笔，其笔头大小不同，笔毫材质不同，使用时具有干湿浓淡的变化，加上运笔的丰富技巧，都可以产生变化万千的表现效果。实际绘画中，可以根据表现的材质、风格和纸张等的不同，选择不同的工具。也可以恰当选用软硬、粗细等不同笔型和笔的组合。一般来说，毛笔在使用时控制线型难度较大，但经过充分练习后，毛笔的变化自如、流畅秀美的特点就会体现出来。铅笔在描绘线条时，仍能带入浓淡虚实的变化。另外，就技术性来讲，铅笔是一种易于控制的工具，可以让绘画者从容不迫地表达。

线描稿和单色画都称素描稿。服装画绘画技法的线描稿一般分为：课堂作业、参赛作品、生产款式图、生产效果图和设计创作等内容。

（1）课堂作业：人物素描稿（图2-3至图2-5）、人物速写稿（图2-6至图2-14）、技法表现稿等。

（2）参赛作品：包括服装设计大赛、服装技能比赛、服饰产品大赛和综合比赛等。

（3）生产设计款式图：包括服装正、背面款式图，尺寸要求，面、辅料样板，款号，局部说明等内容。

（4）生产设计效果图：包括人物着装正、背面效果图，尺寸要求，面、辅料样板，编号，局部说明等内容。

（5）设计创作：包括命题创作、个性品牌创作、产品创新系列稿及单款设计等。

图2-3 人物肖像写生（一）

图2-4 人物肖像写生（二）

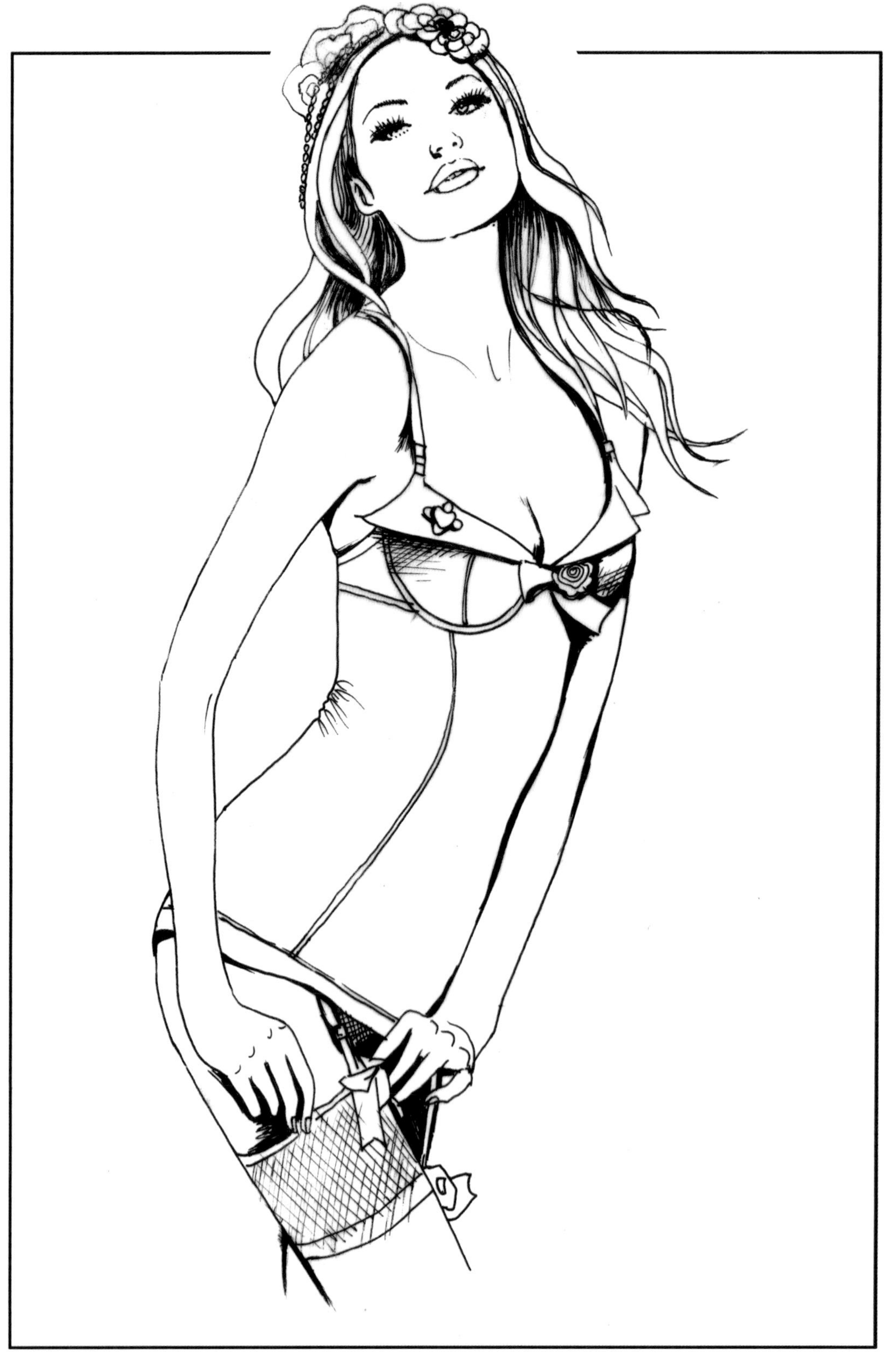

图2-5　女性内衣线描稿

图2-6 女性坐姿速写稿

图2–7 男性人体速写稿

图2-8 人物速写

图2-9 女性动态速写稿（一）

图2-10 女性动态速写稿（二）

图2-11　人物速写稿

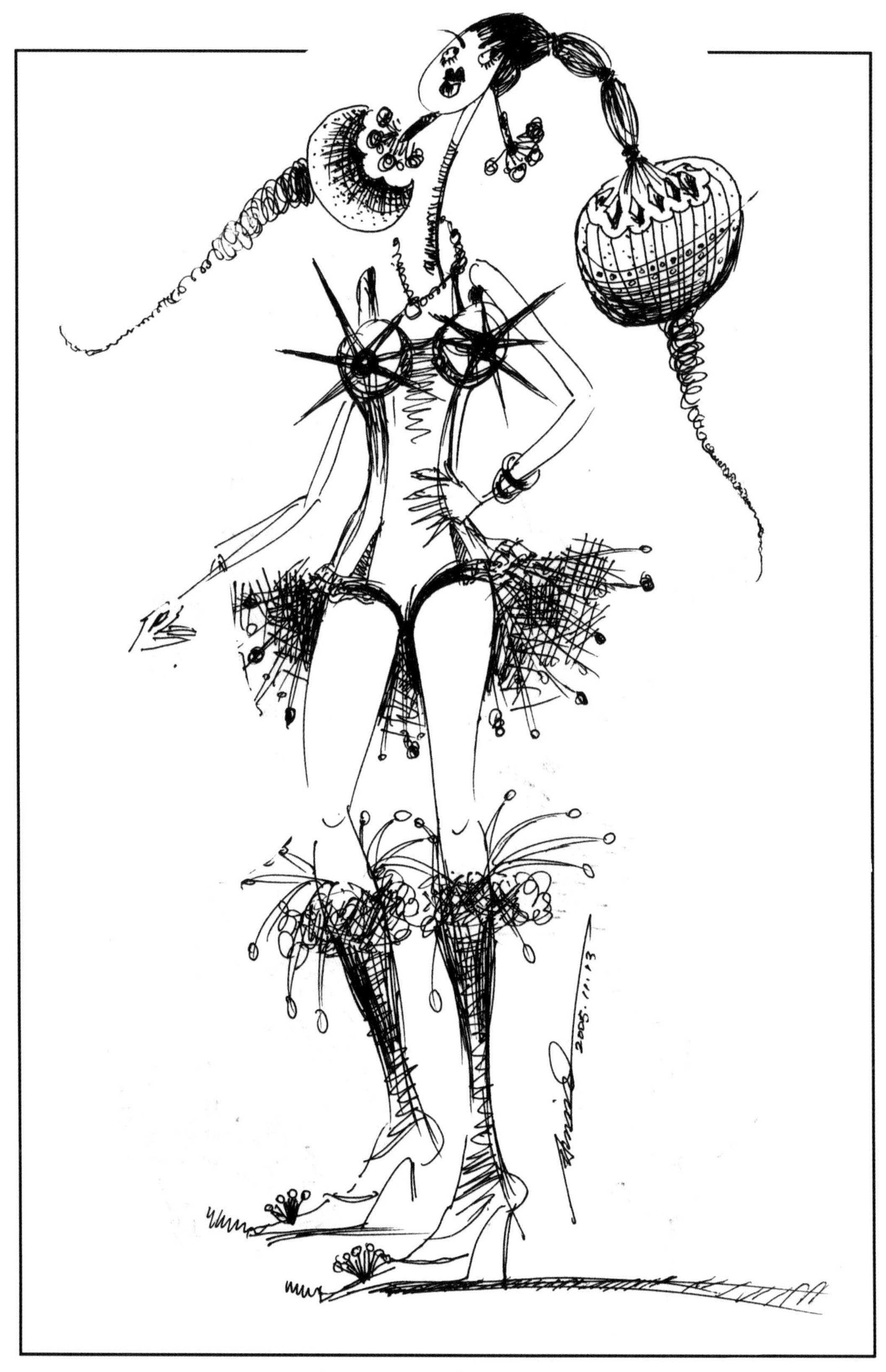

图2-12 女性动态速写稿（一）

图2–13　女性动态速写稿（二）

图2-14 女性动态速写稿（三）

第三节　人物组合与构图

人物组合分为单人组合、双人组合、多人组合。

1. 单人组合

单人组合是指人物在画面的中心位置，要求人物具有完整性。有时还可以根据作业或设计要求进行局部放大，以人物为主，服饰为铺，背景为饰（一般省略，根据需要配置），如图2-15和图2-16所示。

图2-15　单人组合线描稿（一）

图2-16　单人组合线描稿（二）

2. 双人组合

双人组合是指人物同时处在画面的中心位置，要求人物具有完整性。人物为主，服饰为辅，背景为饰（一般省略，根据需要配置），如图2-17所示。

图2-17　双人组合线描稿

3. 多人组合

3人组合、4～8人组合，一般以单数为宜，3人的可以排成2+1或1+2形式，即两人靠近，1人分开（图2-18和图2-19）；4人组合可以分布成3+1或2+1+1形式；5人组合分布成3+2、2+1+2或1+3+1等形式；6人组合可分布成2+3+1、1+4+1、4+2等形式，一般不连排或单排，即1+1+1形式。多人组合还可以适当配置场景，人物也可以排列成前后姿态不同的样式，如蹲、站、靠、搭肩、插腰等。还可以配置一些服饰品，如包、伞、扇子、提箱、手套、玩具、布娃娃等。但处于同一幅作品当中，一定要有系列感；形式相当、风格相似，面料、款式、颜色相近等。

图2-18　三人组合女性动态速写稿（一）

图2-19 三人组合女性动态速写稿（二）

4. 任意组合

任意组合是指根据设计师个人的需要或创作需求任意组合和排列画面中的人物，可以是单人、双人、三人或三人以上组合，也可自行安排，如图2-20至图2-23。

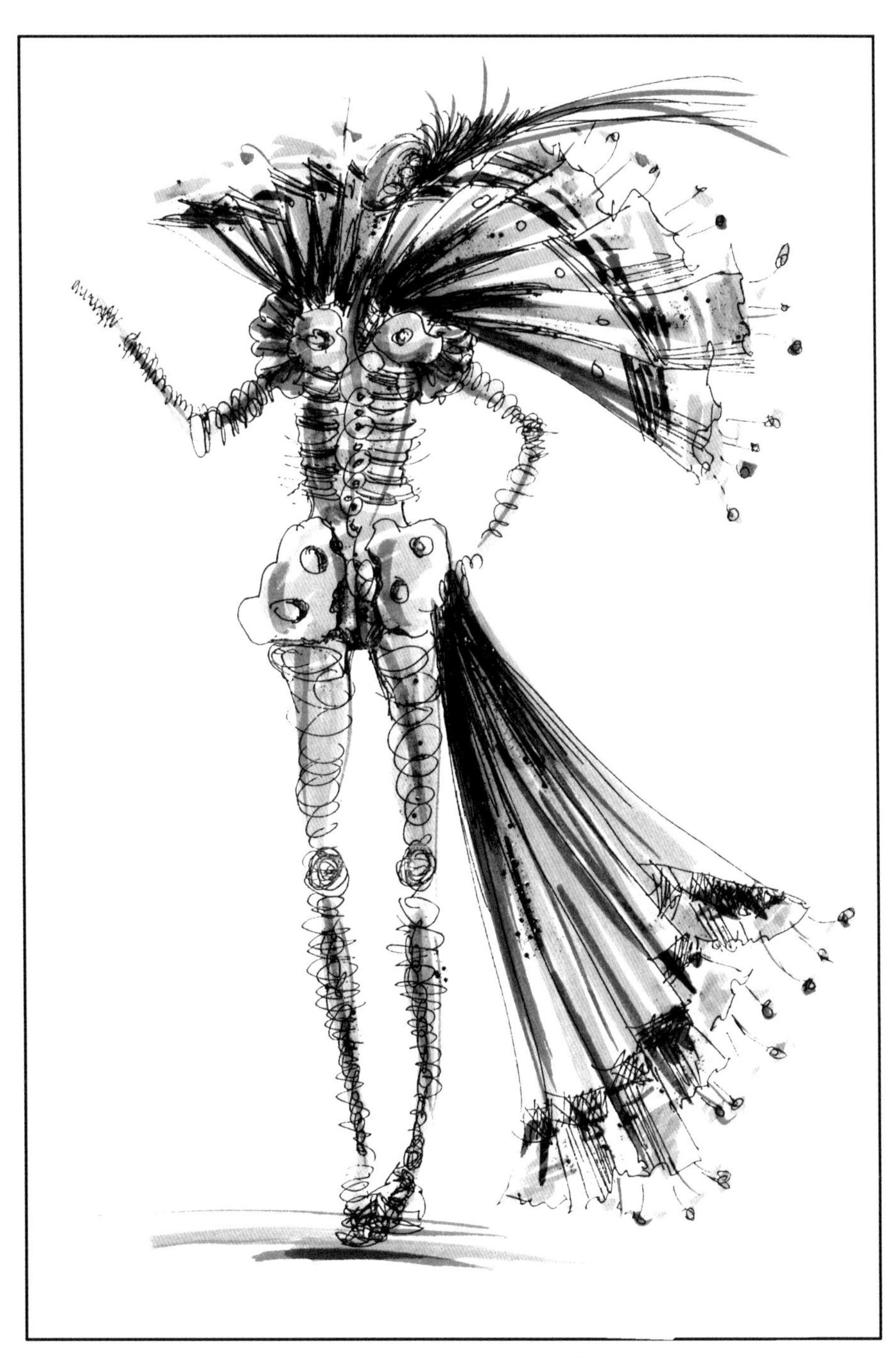

图2-20　单人创意速写稿

图2-21 双人组合线描稿

图2-22　三人组合线描稿

图2-23　任意组合女性动态线描稿

单元训练和作业

1. 课题训练

课题内容：根据某服装设计大赛准备线描稿2幅（人物排列2种不同形式）。

课题时间：8学时。

教学方法：现场示范、样板呈现法、原理解析法等。

要点提示：线描稿是时装画技法的基础，要通过长期观察和持之以恒的写生练习。

教学要求：设计内容与主题相符，线描稿规范，符合大赛的具体要求。

训练目的：积极参赛，在竞争中磨炼自己。

2. 理论思考

线描稿准备的意义是什么？有没有标准可循？

第三章 水彩画技法

本章要求和目标

◆要求：保持水彩画的个性与特点，由浅入深，逐步完善从整体到局部再到整体的循环过程。

◆目标：了解水彩画的特点，掌握水彩画的技法表现及绘画步骤。在绘画实践过程中感受水彩画、水粉画、彩铅画等画种的相同之处和不同之处。

本章要点

◆ 水彩画的特点

◆ 水彩画技法的步骤

◆ 水彩画技法表现

通过前两章的学习，我们掌握了服装人体的知识，也了解了线描稿的知识和必要的绘画材料，若要通过色彩的语言来表达服装绘画技法的艺术美，可以从最普通、最常用、最方便、最廉价的水彩画技法表达方式开始训练，其也是初学者最容易把握的绘画方法之一。

第一节　水彩画的特点

水彩画的特点是颜料（色）具有透明性和鲜艳性。虽然使用水彩画来表现服装成品也能非常逼真写实，但通常都是以一种钢笔淡彩的形式出现。水彩画颜料主要有管装12色与18色两种，也有固体块状的。

水彩画用纸一般有水彩画专用纸、白纸板、绘图纸等。根据水彩画固有的特点，在用铅笔起稿时，用笔要轻，尽量少用橡皮，以免纸张起毛影响绘制效果。在钢笔淡彩表现中，既可以先用钢笔墨水色勾勒出服装形态后再染色，也可以先对服装各部位上色后，再用钢笔墨线勾画其轮廓。

用水彩表现服装的方法有干画法和湿画法两种。干画法通常是从重要的局部开始，在干的纸底上晕染、罩色和推移调子。这种画法能够做到比较写实，但容易出现笔痕，影响材料特有的肌理表现。湿画法是先用笔蘸清水将画纸打湿，然后趁湿将颜色画上，这样调子过渡流畅，色彩衔接非常自然。此画法在表现服装时要注意，色彩要表现的部位在用水打湿时，要严谨、准确地控制好轮廓边线，否则颜色就会洇出线外。一般情况下，水彩画表现对象如果需反复多次上色，考虑到水彩颜色的覆盖力很弱，在画之前需想好上色的先后顺序，然后由浅入深地去进行色彩表现。水彩画表现服装接近完成时，可用具有较强覆盖力的水粉白色颜料提出服装的高光，如果高光预留得好，这个环节就可以省去。但要注意的是水彩画干后颜色会变浅，需要反复实践，正确把握。

水彩与水粉画法比较相似，两者可同时结合使用，如果只强调画面的大效果，可采用三个层次的画法：铺大调（即中间色）、留亮部、加暗部的快速方法去进行，效果既明快、大方又能快速完成，并达到良好的效果。

第二节　水彩画技法的步骤

水彩画的技法通常可分为如下几个步骤（图3-1）。

（1）线描稿的准备。

（2）绘制皮肤色：首先画出皮肤的基本色调，再画出皮肤的暗部色调。

（3）绘制头部与发型：首先绘制出五官色彩，再绘制头发色彩，可根据服装来搭配发型与头发的色彩。

（4）绘制服装色彩：首先绘制服装的基本色调，再绘制服装的暗部，包括服装的衣纹和面料的细节。

（5）绘制配饰色彩：绘制服饰的主色及暗部色，色彩可根据服装的色彩需要来配置。

（6）进行整体调整，达到自己满意的效果。

线描稿准备

肤色上色

着装上色

整体着色

图3-1　水彩画技法的步骤

第三节　水彩画技法表现

根据课题作业或大赛主题要求，反复练习，在练习的过程中不断积累经验，不断感受水彩画的特性：随意性好、色彩透明、接色自然、可利用白纸的白色表现色彩的明度和纯度的变化，总结出适合自己的方法，最终实现水彩画技法的优势，达到美观效果。在水彩技法表现的同时，还可以将吹、喷、印、摔、染、浸等方法混合使用，如图3-2至图3-15所示。

图3-2　水彩画技法表现手稿（一）

图3-3 水彩画技法表现手稿（二）

图3-4 水彩画技法表现手稿（三）

图3-5 水彩画技法表现手稿（四）

图3-6 水彩画技法表现手稿（五）

图3-7　水彩画技法表现手稿（六）

图3-8　水彩画技法表现手稿（七）

图3-9 水彩画技法表现手稿（八）

图3-10 水彩画技法表现手稿（九）

图3-11　水彩画技法表现手稿（十）

图3-12 水彩画技法表现手稿（十一）

图3-13　水彩画技法表现手稿（十二）

图3-14 水彩画技法表现手稿（十三）

图3-15　水彩画技法表现手稿（十四）

单元训练和作业

1. 课题训练

课题内容：水彩画技法单人或多人组合练习。

课题时间：8学时。

教学方法：现场示范法、供样参考法和作品比较法等。

要点提示：色的用量和干湿变化、水的分量与用笔轻重、纸的留白与浓淡变化以及水彩画技法的步骤等是实践的重点内容。

教学要求：单人技法主体突出，多人技法色彩和谐、系列感强。用色要大胆，并使艺术性与装饰性相结合。

训练目的：掌握水彩画的技法要领，按步骤和要求进行绘制，提高独立表现水彩画技法的能力。

2. 理论思考

通过水彩画技法实践，你有何感受？你对水彩画技法的特征有何补充？

第四章 水粉画技法

本章要求和目标

◆要求：保持水粉画的个性与特点，由浅入深，逐步完善从整体到局部，局部再到整体的循环过程。

◆目标：了解水粉画的特点，掌握水粉画的技法表现及绘画步骤。在实践过程中感受水粉画技法的实践过程，并区别掌握水粉画的水与粉的特性，以及与水彩画的共性与个性。

本章要点

◆ 水粉画的特点

◆ 水粉画技法的步骤

◆ 水粉画技法表现

同水彩画一样，水粉画也是一种最常见的画种。我们在讲述绘画特点的时候，往往会把水彩画和中国画放到一起，而把水粉画和油画放到一起，因为水彩画和中国画一样色彩很透明、用水和用纸都很讲究，而水粉画和油画具有较强的覆盖力和厚实感，然而水粉还具有水彩的基本功能，它既可以厚实，也可以透明。在图案设计或广告绘画当中，它就是最适合的颜料。

第一节 水粉画的特点

服装水粉画技法是一种较为常见的效果图表现方法。水粉画法表现力比较强，它能将服装造型、色彩、质感准确地表现出来，在表现服装款式大效果时，既快捷，又方便。

水粉画表现得出色，一方面取决于素描和色彩两个方面的功底；另一方面，练习者还需要在水粉画绘画实践过程中掌握它的特性。只有这样，才能较好地用水粉画表达好设计者对服装的设计意图。由于水粉颜料固有的属性，它的色彩在干和湿两种情况下呈现出不同的状态，即当水粉颜料通过水这种媒介调制后画在纸上，湿的时候色彩看上去比较鲜艳，明度符合要求，但干了以后，颜色鲜艳度有所下降，明度上也会略浅一些。水粉颜料的这种特点，要求绘画者在需要色彩鲜艳和较暗时，尽量不混入白色，而是充分利用色彩本身的鲜艳度和明度来绘制。水粉画的另一特点是它具有很强的色彩覆盖力，便于细节刻画和反复进行修改和塑型。

第二节 水粉画常用的工具和材料

1. 纸张

由于水粉画是用水做调配颜料的媒介，因此，要求纸张坚实、紧密，吸水适中，不渗化。常用的纸张有厚图纸、白卡纸、水粉纸和水彩纸等。各种纸张的质地不同，表现效果略有差异，150克/米^{2}以上的厚绘图纸质地、纹理、吸水性等适中，是一种很不错的水粉画用纸。白卡纸由于纸基平滑，颜色附着力较差，因此在这种纸上颜色不宜画得太厚。水粉纸和水彩纸纹理较粗，质地坚实，这两种纸的颜色附着力和显色性都很好，都能够深入刻画和多次重复覆盖，但由于纹理较粗糙，在表现光滑质感的材料和细节刻画上稍显不足。另外，在较厚的有色纸上作画，如处理得好，效果会既快又好。

2. 画笔

水粉画常用的笔是羊毫扁平的专用水粉笔和圆毛笔两种。一套水粉笔一般包含五六种不同大小规格的笔。可根据自己的习惯及画幅备两套同一大小规格的水粉笔，在绘画色彩衔接或冷暖色时用两支同规格的水粉笔以节省颜料。圆毛笔可选用大白云和小白云，在细部刻画时，一般用依纹笔。此外，可准备几把不同规格的板刷，用来刷大面积的底色。

3. 颜料

水粉颜料一般是用矿物或植物粉末加胶调制而成，在市场上常见的有瓶装和管装两种。瓶装较为经济，但质地稍显粗糙一些；管装颜料质地较细腻，携带也方便，但价格稍贵。

第三节　水粉画的技法与步骤

1. 起稿、构图

服装成品造型严谨，所以，起稿绘制服装画时要准确地表现出设计者的构思特点。最好先用HB铅笔在纸上打好具体的服装样式轮廓，包括部件具体形状、服饰件等。在构图上要注意服装整体合适，位置恰当。

2. 上色表现

从水粉画特点考虑，一般水粉上色表现多从暗部色调画起，然后逐渐向较亮色调和亮部调推移，这样可使暗调子比较纯净，不显“粉气”，又有利于控制调子的层次变化；也可以从较大面积的较亮色调画起，然后加重暗部色调，继而提出亮部色调。由于水粉颜色覆盖力较强，因此，水粉表现服装的上色步骤也就比较灵活自由。

3. 深入刻画

经过初步上色表现，服装的大致色彩和形态效果已经出来。深入刻画要求画图者从整体的大效果逐渐转入局部的形体、质感和颜色的把握上，细心刻画应予以表现的每一处细节。同时，还应注意不能因其局部刻画，而破坏服装着色的整体效果。

4. 刷底色表现法

用刷底色的表现方法来绘制服装效果图，是一种比较快捷和富有表现力的表现手法。这种刷底色表现法常见于其他工业产品的表现。由于先刷上产品的主要色调（彩）倾向，使之成为服装色彩的主要组成部分，因此，我们可以很容易地控制好画面的整体色调，并使画面充满一种气势感。此画法适宜表现各种服装效果。一般情况下，用底色表现服装效果图的手法，其底色的选择以时装画中人物鞋或靴子的主要颜色为准。首先大面积地快速刷上一遍，刷的时候要自由、放松。这一阶段要注意所刷底色中尽量不用或少用白颜色，因为在含有较多白颜色的底色上进一步深入刻画的，很容易带起里面的白颜色，从而造成画面“粉气”。如果服装颜色比较浅，不得不加白粉时，那么，在画暗部时，一是要等颜料干透；二是暗部颜色要稠一些，即颜色中的含水量要少一些；三是运笔尽量快而准，不可“拖泥带水”。

刷底色可以使用与纸张大小相适应的板刷来进行。常见板刷有羊毫和猪棕两种。羊毫板刷含色饱满，笔与笔之间的颜色衔接自然；猪棕板刷笔锋较挺，能够刷出一种独特的纹理，如果要避免这种纹理，可先往画纸上刷一些干净的水，将纸打湿，然后趁湿把底色刷上，这样既可以消除笔刷纹理，又能使笔与笔衔接得自然流畅。然后，从服装的暗部和次暗的调子推画起，先画大的部件形体结构再画小的部件形体结构。往下可进行浅灰调子和亮调子的刻画，仍旧是先画大的形体结构，再过渡到小的形体结构。向亮调子过渡时，要把服装的重要细节或部件细致地刻画出来，用笔要准确、利落。如果铅笔画的底稿完全被遮住，那么需用铅笔重新起稿。

最后为调整、完成阶段。在画的过程中会出现这样或那样的问题，如调子过渡不自然，或某处表现得不充分等，这个时候就需要快速地进行完善，如有高光，最后把高光点上。

特别是在服装效果图绘制过程中，水绘画最能表现面料的花纹和褶皱和造型，以及图案的细节。

水粉画步骤示范如图4-1和图4-2所示。

线描稿　　人物肤色

服装配色　　背景色及调整

图4-1　水粉画步骤示范（一）

线描稿

肤色

服装色及主色

背景色及整体调整

图4-2 水粉画技法步骤示范（二）

第四节　水粉画技法表现

根据课题作业或大赛主题要求，反复练习，在练习的过程中不断积累经验，不断感受水粉画的特性：水粉画随意性好、色彩透明，接色自然，可利用白纸的白色表现色彩的明度和纯度的变化，并总结出适合自己的表现方法。在水粉技法表现的同时，还可以将吹、喷、印、摔、染、侵等方法混合使用。只有不断地练习，不断地体会，不断地总结，才能让我们获得更深的感受，提高我们的表现水平。水粉画技法表现手稿如图4-3至图4-11所示。

图4-3　水粉画技法表现手稿（一）

图4-4 水粉画技法表现手稿（二）

图4-5　水粉画技法表现手稿（三）

图4-6 水粉画技法表现手稿（四）

图4-7　水粉画技法表现手稿（五）

图4-8 水粉画技法表现手稿（六）

图4—9　水粉画技法表现手稿（七）

图4-10 水粉画技法表现手稿（八）

图4—11　水粉画技法表现手稿（九）

单元训练和作业

1. 课题训练

课题内容：水粉画技法单人或多人组合练习。

课题时间：8学时。

教学方法：现场示范法、供样参考法和临摹法等。

要点提示：色彩的用量和干湿变化、水的分量与用笔轻重、纸的留白与浓淡变化及水粉画技法与步骤等是实践的重点内容。

教学要求：单人技法主体突出，多人技法色彩和谐、系列感强。用色要大胆，并使艺术性与装饰性相结合。

训练目的：掌握水粉画技法要领，按步骤和要求进行，实现独立表现水粉画技法的能力，比较水粉画与水彩画技法的共性与个性，做到熟能生巧。

2. 理论思考

通过水粉画技法实践你有何感受？你认为水粉画技法与水彩画技法有何共性与个性？

第五章 彩色铅笔画技法

本章要求和目标

◆要求：彩色铅笔画的重点在于使用铅笔时的轻重把握、色彩鲜艳度的把握、环境色的变化与接色的控制等。

◆目标：了解彩色铅笔画的特点，掌握彩色铅笔画的技法表现及绘画步骤。在实践过程中把握它与水粉画和水彩画等画种的相同之处和不同之处。

本章要点

◆ 彩色铅笔画的特点

◆ 彩色铅笔画的技法与步骤

◆ 彩色铅笔画技法表现

在前面的章节我们已经感受了水彩、水粉画技法的表现过程，有快乐，可能也有些不顺意的地方，是因为我们的技法不熟练，或因为我们还没有足够长时间来体验，我们对自己的服装画技法的成败还无法做出判断。这种情况我们还有一些办法来弥补，那就是多点课外的练习，采取自己创作或临摹的方式，因为在课外就不像课堂那样严肃，我们可以自由自在地去感受，个人的因素将会增加，自我做主和自我发挥的空间将会增大。另外还有一个方法就是扩大阅读量和阅读面，真实地体验和理解水彩、水粉技法给我们带来的快乐。在这里我还可以同你一起去学习另外一种服装绘画技法，它将使你更加的自信，增添随心所欲创作的快乐感，这种技法不需要那么多复杂的要求和材料的选择，这就是彩色铅笔画。彩色铅笔绘画技法非常实用和方便，也很好理解与把握。

第一节 彩色铅笔画的特点

同其他绘画艺术作品一样，服装绘画技法表现的形式也是多种多样的，这主要是根据面料的质地、现有的资源条件及设计师个人的专长及特点来确定。一般来说，服装效果图可从以下几个方面来表现。

彩色铅笔分蜡溶性彩色铅笔和水溶性彩色铅笔两种。国内目前生产的普通彩色铅笔含蜡较多，不易着色。水溶彩色铅笔目前市场上也有国内生产和国外生产两种，如果不用水溶画法，只是干画法涂调子，两者没有太大区别。

彩色铅笔与其他用水做媒介的湿画法相比，它的突出特点就是设计师对调子的细微变化和层次的把握较为容易。这与它的硬质材料有关，设计者是靠运笔力量画出色调的深浅变化。彩色铅笔表现方法的这种特点，使其在表现写实性很强的服装效果图方面相对好把握一些。从彩色铅笔写实技法实质上看，掌握它主要靠的是设计者的素描功底，如果素描能力很差，彩色铅笔技法效果图就无法画好。

彩色铅笔技法效果图的另一个特点，也可以说是弱点，是它的颜色种类非常有限，许多颜色无法表现出来。另外，彩色铅笔画出的颜色（主要指某些纯色）与同一种水粉或水彩画出的颜色相比，在鲜艳度上略逊一筹。

第二节 彩色铅笔画常用的工具和材料

1. 笔

彩色铅笔的着色性怎样是购买用笔的主要依据。从目前市场上看，水溶彩色铅笔着色性要比蜡溶性彩色铅笔好，而且水溶彩色铅笔颜色之间能相互交融调配，蜡溶性彩色铅笔由于含有较多的蜡，在这方面就很难做到。在笔的颜色种类上，应尽量多准备一些，如常用色有大红、朱红、橙红、橘黄、淡黄、中黄、天蓝、藏青、浅绿、草绿、粉紫、驼色、咖啡色、金色、银色、黑色、白色和灰色等。

2. 纸张

彩色铅笔画法纸张的选择，一般可根据所画服装的材料质地和肌理来准备。如画较光滑的面料，可选用质地细腻，纹理均匀的复印纸；如画帆布、麻类面料，可选用质地稍粗，纹理同样均匀的素描纸。

第三节　彩色铅笔画的技法与步骤

1. 方法一

（1）起稿、构图

用较硬的铅笔将设计构思的服装款式轻轻勾勒出来，包括重要形体结构线、服饰浅等。要做到所画出的服装款式造型符合设计要求，构图时要经营服装的大小和位置，在画纸上安排得当，过大、过小或过偏都会影响整体效果。

（2）上第一遍色

这一步骤首先根据设计构思，找准所画服装的基本色彩倾向，从大的结构和暗部开始涂第一遍色。在上色过程中颜色不要一次画得过深，同时，还要注意比较不同部位的明度差，并将各部位相互关系画准确。

（3）上第二遍色

上第二遍色，同样是从服装大的结构和暗部画起，由浅至深逐步加深，同时，推出一些深灰（明度）调子和次要结构的浅调子。浅调子部位色相往往与暗部和深灰部的色相有些区别，需换较浅的同类色铅笔来画。

（4）上第三遍色

这一阶段，既可以从重点部位开始着手刻画，也可以从大的结构处和暗部画起。这个过程主要是用灰调子（指明度上）、浅调子（指明度上）较深入地刻画服装形体结构，以及较小的部件。在画的过程中，要注意不同部位灰调子之间的明度差。

（5）深入刻画与调整

深入刻画阶段是用丰富的调子层次与色彩去充分刻画服装结构、形态、质感和其他外观细节。在对服装深入刻画过程中，如果设计用材有高光，要注意处理和把握好。不同服装材质，受光特点不同。绒面革、棉、麻制品没有高光，正面革、漆革、油鞣革都有高光，但特点大不相同。高光处理把握如何，直接关系到服装材料质感的表现效果。

在画服装效果图的过程中，受各种因素影响，难免顾此失彼。因而，需对其进行最后调整，需要调整的内容有服装的形体结构是否准确，材料质感是否表现出来，明暗关系是否整体等。

彩色铅笔画的步骤与技法如图5-1和图5-2所示。

线描稿

肤色

上装色

下装色及调整

图5-1　彩色铅笔画技法步骤示范（一）

线描稿

肤色

上装色

下装色及调整

图5-2 彩色铅笔画技法步骤示范（二）

2. 方法二

（1）线描稿准备。

（2）绘制皮肤色：首先画出皮肤的基本色调，再画出皮肤的暗部色调。

（3）绘制头部与发型：首先绘制出五官色彩，再绘制头发色彩，可根据服装来配置发型与头发的色彩。

（4）绘制服装色彩：首先绘制服装的基本色调，再绘制服装的暗部，包括服装的衣纹和面料的细节。

（5）绘制配饰色彩：绘制服饰的主色及暗部色，色彩配置可根据服装的色彩需要来配置。

（6）整体调整至完成，达到完美效果。

第四节　彩色铅笔的色彩变化

色彩变化有多种情况，主要体现在一款多色的变换上，经过色彩变化的练习，可以让学生做到全面地掌握彩色铅笔的绘画技法和色彩求变的原理，它不是固定不变的，不同的人理解不一样，绘画出来的作品也不尽相同，即便是同一个人，不同的服装色彩，上下装色彩的搭配也会不同。如图5-3和图5-4是针对此练习的示范图稿。

色彩变化一

色彩变化二

色彩变化三

色彩变化四

图5-3　彩色铅笔画技法色彩变化示范（一）

色彩变化一

色彩变化二

色彩变化三

色彩变化四

图5-4 彩色铅笔画技法色彩变化示范（二）

第五节　彩色铅笔画技法表现

根据课题作业或大赛主题要求，反复练习，在练习的过程中不断积累经验，不断感受彩色铅笔画的特性：随意性好、色彩透明、接色自然、可利用白纸的白色表现色彩的明度和纯度的变化，总结出适合自己的绘画方法。在彩色铅笔画技法表现的同时，还可以通过多种方法混合使用。彩色铅笔画技法表现手稿如图5-5至图5-8所示。

图5–5　彩色铅笔画技法表现手稿（一）

图5–6　彩色铅笔画技法表现手稿（二）

图5-7　彩色铅笔画技法表现手稿（三）

图5-8 彩色铅笔画技法表现手稿（四）

单元训练和作业

1. 课题训练

课题内容：彩色铅笔画技法单人或多人组合练习。

课题时间：8学时。

教学方法：现场示范法、供样参考法和课外体验法。

要点提示：保持彩色铅笔画的个性与特点，由浅入深，逐步完善从整体到局部再到整体的循环过程。

教学要求：单人技法主体突出，多人技法色彩和谐、系列感强。用色要大胆，并将艺术性与装饰性相结合。

训练目的：掌握彩色铅笔画技法要领，按步骤和要求绘制，达到独立表现彩色铅笔技法的能力。

2. 理论思考

通过彩色铅笔画技法实践你有何感受？你认为彩色铅笔画技法与水粉画技法、水彩画技法又有何不同？

第六章 麦克笔画技法

本章要求和目标

◆要求：掌握麦克笔运笔的方向性，区分水性麦克笔与油性麦克笔的性能，做到稳中求快、快中求准、准中求变的操作意识，多点体验、多点感受和知识的储备。

◆目标：了解麦克笔画的特点，掌握麦克笔的技法表现及绘画步骤。在实践过程中感受麦克笔画的技法原理与快速感。

本章要点

◆ 麦克笔画的特点
◆ 麦克笔画的技法与步骤
◆ 麦克笔画的技法表现

在前几个章节，我们学习了水彩、水粉、彩色铅笔画的技法与表现，这些技法都是我们在传统服装绘画技法当中经常用到的，均属于基础技法课程，从这节课程开始，以下均属于提高课程。提高课程相对基础课程来讲，其材料与工具很特殊，学习难度较大。麦克笔和电脑技法是当今服装市场最为流行的绘画技法，使用频率较高，特别是麦克笔技法，它属于一种表现效果较快的绘画技法，色彩明快，不需要调色也同样可以实现水彩画、水粉画技法的效果，但它的成本较高，且一支笔只有一种色，掌握难度较高，需要一定的素描基础和色彩搭配能力。

第一节　麦克笔画的特点

麦克笔携带方便，表达迅速，表现整体效果快速，可以用来画草图或搜集服装款式。

麦克笔分油性、水性和酒精性三种。一般用水性麦克笔表现服装效果图即可，且水性麦克笔对纸要求较低，只要较厚的纸都可以。但水性麦克笔表现时笔画相接处较明显，而油性麦克笔接融性较好，表现肤色最好用油性麦克笔，麦克笔表现方法一般为如下两种。

1. 明暗渐层表现法

首先，用铅笔将服装轮廓勾勒好，然后，用黑色麦克笔细头描绘轮廓，粗头用来表现鞋、服装暗部和阴影部位。最后，根据所设计服装的色彩要求，选择三四种同类色深浅不同的麦克笔，沿着服装长度方向和转折较大的结构部位，将最浅颜色画在服装亮部的高光两边，然后，依次用较深颜色向两边推移就可以了。

2. 平涂表现法

平涂表现法非常简单，能够很快表现出鞋靴着色后的大致效果。这种画法表现灵活，既可以先画好服装轮廓后，用所需要的颜色平涂，也可以先用麦克笔平涂上所需颜色，接下来再用其他笔勾画出轮廓造型，还可以采用明暗三大调方法，即留亮部、铺大调（中间色）、加暗部的方法，与水粉、水彩三大调的快速表现方法相同。

第二节　麦克笔画的技法与步骤

（1）准备线描稿。

（2）绘制皮肤色：首先画出皮肤的基本色调，再画出皮肤的暗部色调。

（3）绘制头部与发型：首先绘制出五官色彩，再绘制头发色彩，可根据服装来配置发型与头发的色彩。

（4）绘制服装色彩：首先绘制服装的基本色调，再绘制服装的暗部，包括服装的衣纹和面料的细节。特别强调的是，在整幅画面中一定要有精细、精致、精彩的细节部分，从而达到整体效果好，细节又耐看的效果。

（5）绘制配饰色彩：绘制服饰的主色及暗部色，色彩配置可根据服装的色彩需要来搭配。

（6）进行整体调整，达到自己满意的效果。

麦克笔画的技法与步骤范例如图6-1至图6-6所示。

线描稿

皮肤色

着装色暗部

着装色及整体调整

图6–1　麦克笔画技法与步骤范例（一）

线描稿

皮肤色

着装色暗部

着装色及整体调整

图6-2　麦克笔画技法与步骤范例（二）

线描稿

皮肤色

着装色暗部

着装色及整体调整

图6–3　麦克笔画技法与步骤范例（三）

线描稿

皮肤色

色彩变化一

色彩变化二

图6-4 麦克笔画技法与步骤范例（四）

线描稿

皮肤色

着装色

着装色及整体调整

图6—5　麦克笔画技法与步骤范例（五）

线描稿

皮肤色

皮肤色暗部与发色

着装色及整体调整

图6-6　麦克笔画技法与步骤范例（六）

第三节 麦克笔画的色彩变化

麦克笔色彩变化同彩色铅笔色彩变化类似，主要也体现在一款多色的变换上，色彩变化及色彩变化规律丰富，我们在不断练习的同时要不断地去感受其内在的奥秘，色彩的冷暖变化，同类色、临近色、对比色、补色等变化也是林林总总，变化莫测，值得我们长时间去练习、体会与总结。

麦克笔画的色彩变化范例如图6-7至图6-10所示。

色彩变化一

色彩变化二

色彩变化三

色彩变化四

图6-7 麦克笔画的色彩变化范例（一）

着装色彩变化一

着装色彩变化二

着装色彩变化三

着装色彩变化四

图6-8　麦克笔画技法的色彩变化范例（二）

鲜色

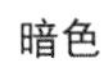

暗色

浅色

中间色

图6-9 麦克笔画技法的色彩变化范例（三）

对比色

同类色

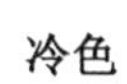

冷色

暖色

图6-10　麦克笔画技法的色彩变化范例（四）

第四节 麦克笔画技法表现

根据课题作业或大赛主题要求，反复练习，在练习的过程中不断地积累经验，逐渐感受麦克笔画的特性：随意性好、色彩透明、接色自然、同水彩、彩色铅笔技法一样可利用白纸的白色表现色彩的明度和纯度的变化。总结出适合自己的方法，最终实现麦克笔画技法的优势，达到美观效果。在麦克笔画技法表现的同时，还可以将多种方法混合使用。

麦克笔画技法表现手稿如图6-11至6-17所示。

图6-11 麦克笔画技法表现手稿（一）

图6-12　麦克笔画技法表现手稿（二）

图6-13 麦克笔画技法表现手稿（三）

图6-14　麦克笔画技法表现手稿（四）

图6-15 麦克笔画技法表现手稿（五）

图6-16 麦克笔画技法表现手稿（六）

图6-17　麦克笔画技法表现手稿（七）

单元训练和作业

1. 课题训练

课题内容：麦克笔画技法单人或多人组合练习。

课题时间：8学时。

教学方法：现场示范法、供样参考法、作品比较法和课外体验法等。

要点提示：注意亮部色与暗部色的衔接，注意运笔的方向性和留白的面积大小。

教学要求：单人技法主体突出，多人技法色彩和谐、系列感强。用色要大胆，使艺术性与装饰性相结合。

训练目的：掌握麦克笔画的技法要领，按步骤和要求进行绘制，提高独立表现麦克笔画技法的能力。

2. 理论思考

通过麦克笔画技法实践，你有何感受？你认为麦克笔画技法与水粉画技法、水彩画技法又有何不同？

第七章 色纸画技法

本章要求和目标

◆要求：从学习色纸绘画技法开始，就要对绘画的素描或黑白稿效果严格要求，线描稿是基础。后期处理及表现始终要求与色纸颜色协调，最后达到满意的效果。

◆目标：了解色纸的性能，掌握色纸在作品当中的主色作用，正确地把握色纸的绘画技法与技巧。

本章要点

◆ 色纸画的工具与材料

◆ 色纸画的技法与步骤

色纸技法是服装绘画技法中最为特殊的技法，用色纸作为绘画背景，其为画面起到衬托和装饰的作用，也为绘画者节省了绘制背景的时间。这种技法在服装绘画技法中，采用频率较低，但在参加服装绘画大赛中常有人采用，其效果也与众不同效果容易胜出。

第一节　色纸画的工具与材料

有色纸表现服装效果图技法，是利用纸的固有颜色作为服装设计色彩的基本色调，通过提亮和加深主要部位及结构的色调表现，快速表达出一种服装设计效果。

1. 纸张

有色纸的选择首先是纸的颜色必须符合服装设计色彩的需要，也就是说设计者选择纸的条件是纸的颜色就是时装画中服装的颜色，然后才考虑这种有色纸适合用什么色彩和工具来表现。较薄的有色纸可以用彩色铅笔表现；较厚的有色纸，可以用水粉表现，也可以用彩色铅笔、麦克笔、炭笔等表现。

2. 笔和颜料

有色纸表现用笔主要为着色较好的各种彩色铅笔和水粉画表现时的水粉笔、依纹笔或毛笔等。颜料一般配备十几种常用水粉色颜料即可。

第二节　色纸画的技法与步骤

1. 方法一

（1）选择好与服装设计色彩相吻合的有色纸。

（2）用铅笔轻轻画出服装的款式轮廓，包括配饰、服饰等具体造型。

（3）用较深的同类色铅笔或装有黑色墨水的钢笔，流畅而准确地画出服装造型款式。

（4）用较深的同类色彩色铅笔，从服装大的结构处着手，画出服装的暗部调子和深灰调子。

（5）用浅的同类色彩色铅笔，表现服装亮部的结构。

（6）如果所要表现的服装材料质地比较光滑，那么在表现的最后可用白色彩色铅笔或颜料提出高光。表现服装材质较粗造的用彩色铅笔在明暗交界线或暗部画一点服装面料的纹理。

绘制草图

色纸绘制线描稿

上装的着色

下装的着色及调整

图7-1 色纸画的技法与步骤

色纸画还可以同其他画法综合使用，比如有色粉笔画法、剪贴技法、喷绘画法和电脑辅助设计表达法等。

2. 方法二

（1）线描稿准备。

（2）绘制皮肤色：首先绘制出皮肤的基本色调，再绘制出皮肤的暗部色调，如果色纸与皮肤色接近，则省略皮肤色，只需添加暗部和亮部色即可，中间色为纸的原色。

（3）绘制头部与发型：首先绘制出五官色彩，再绘制头发色彩，可根据服装来搭配发型与头发的色彩。

（4）绘制服装色彩：首先绘制服装的基本色调，再绘制服装的暗部，包括服装的衣纹和面料的细节。

（5）绘制配饰色彩：绘制服饰的主色及暗部色，可根据服装的色彩需要来搭配。

（6）进行整体调整，并达到自己满意的效果。

第三节　色纸画技法表现

色纸画技法表现与其他技法表现完全不同，它是利用色纸本身的颜色来作为底色，其他颜色可根据着装搭配需要来进行绘制，所采用的画笔及颜色没有限制，可以用任何颜色来绘制。色纸的作用非常大，可以做整幅画的背景，有时在肤色或服装的某个位置可以留出空白，之后简单地画一点暗部色和亮部色就可以，示范作品如图7-2至图7-9所示。学习者还可以自行发挥，尝试各种画笔和色彩来进行色纸画技法的训练。色纸画技法可以利用色纸的底色作为服装或人体立色，稍加修饰就可以完成其效果图的绘制，有时会产生意想不到的效果。

图7-2 色纸画技法表现手稿（一）

图7-3　色纸画技法表现手稿（二）

图7-4 色纸画技法表现手稿（三）

图7–5　色纸画技法表现手稿（四）

图7-6 色纸画技法表现手稿（五）

图7-7　色纸画技法表现手稿（六）

图7–8　色纸画技法表现手稿（七）

图7-9　色纸画技法表现手稿（八）

单元训练和作业

1. 课题训练

课题内容：色纸画技法单人或多人组合练习。

课题时间：8学时。

教学方法：示范法、临摹法、比较法和体验法等。

要点提示：注意色纸本色的预留，注意色纸的暗部色绘制与亮部或高光的绘制方法与面积大小。

教学要求：单人技法主体突出，强调个性表现；多人技法色彩和谐，有系列感，使艺术性与装饰性相结合。

训练目的：掌握色纸画技法要领，按步骤和要求进行绘制，实现立体效果表现色纸技法。

2. 理论思考

通过色纸画技法实践你有何感受？你认为色纸画技法表现与其他的技法表现有什么不同吗？

第八章 电脑画技法

本章要求和目标

◆要求：从学习电脑绘画的开始，就要对服装人体或款式手稿绘制线描稿严格要求，线描稿是基础。后期处理及表现始终要按人体或款式线描稿进行。

◆目标：了解CorelDRAW和Photoshop的相关知识，掌握这两款软件在服装款式图或效果图中的作用，正确地把握CorelDRAW和Photoshop的绘画技法与技巧。

本章要点

- ◆ 电脑软件的准备与安装
- ◆ CorelDRAW的绘制技法与步骤
- ◆ Photoshop的绘制技法与步骤

随着科技、信息网络现代化的发展，服装生产现代化也得到了长足的发展。为了提高生产和工作效率，让服装设计、生产不断地实现科技化、智能化、规范化，服装企业不断地加大了对计算机现代化系统设备的投入，最常用的有CorelDRAW、Photoshop、Auto CAD等软件，这些软件的使用，既便利了设计师，解放了他们的手，解放了他们的思想，同时也大大提高了他们的工作效率。

第一节 CorelDRAW绘制技法与步骤

1. 绘制图像

打开CorelDRAW软件，新建一个文件，利用工具栏里的前6项工具即选择工具、形状工具、缩放工具、贝塞儿曲线工具、矩形工具、椭圆形工具，就可以绘制效果图及款式图了。

（1）首先利用贝塞儿曲线工具，绘制服装的外形轮廓线，线条宽度设置在0.353mm～0.706mm。然后按从上至下、从左到右、从前到后的顺序逐个进行绘制。

（2）利用形状工具调整弧线，调整到满意为止。

（3）以此进行绘制款式的全过程。需要压线部位必须设置为虚线，按需要自定线的针距及密度，选择适合的线进行压线，除图像外轮廓线为粗实线外，里面的实线、虚线均设置为（最细线），直到完成整个效果图，最后将所有线条群组。

（4）左右对称的图像及线条可以采用拷贝、复制、左右镜像调整的方法。

（5）最后完成整个文件，进行群组并填色。保存文件为CDR-CorelDRAW格式或AI格式均可。

2. 重复描线

（1）打开Photoshop，在文件菜单里选择导入进行扫描手绘款式图或效果图，然后再存为JPG、PSD或TIF格式。

（2）打开CorelDRAW，建立新文件，然后在文件菜单里选择输入Photoshop里的原文件，放置在文件中心，按住文件上、下、左、右方框，调整或移至与新文件重叠大小。

（3）在输入文件中重复描线，按照前面的方法重新描绘款式图或效果图，最后群组文件并填色，完成操作。必要时，还可打散被群组的文件进行反复修改，直到达到满意效果为止，之后保存文件。删除原Photoshop文件，得到一个CorelDRAW绘制的款式图。其效果好，速度快，修改也很方便。不管是现成的手稿或成衣都可以用此法来完成。

第二节 Photoshop的绘制技法与步骤

在Photoshop里绘制款式图或效果图一般有两种方法。

1. Photoshop直线绘制法

（1）建立新文件，尺寸、像素自定，利用画笔工具或路径的方法绘制直线与弧线，绘制图像直至完成。在路径面板里选择用前景色直接描边路径或选择将路径作为选区载入，在文件上方的菜单里选择编辑间接描边（线宽度为5px），颜色为前景色，正常模式，不透明度为100%，完成文件全部绘制过程。

（2）用魔棒工具对选区进行填色，进行明暗处理（可用减淡工具、加深工具和海绵工具）或选用扫描的面料进行复制。而在绘制款式图、效果图原文件里选择要填充面料区域，任意移动面料进行粘贴，直到满意为止。利用减淡工具、加深工具和海绵工具进行后期处理，最后完成。

2. Photoshop间接绘制法

就是把手绘的款式图或效果图扫描到Photoshop里，再进行绘画，既简单又快捷，效果也较佳。

第三节　其他软件绘制法

其他软件有AutoCAD、樵夫、富怡、思路达、航天、G2000ET等软件，各种软件的操作方法多样，但形式类同，可按自己的条件及爱好去学习、去操作。软件的绘制效果如图8-1至图8-4所示。

图8-1 电脑画绘制效果（一）

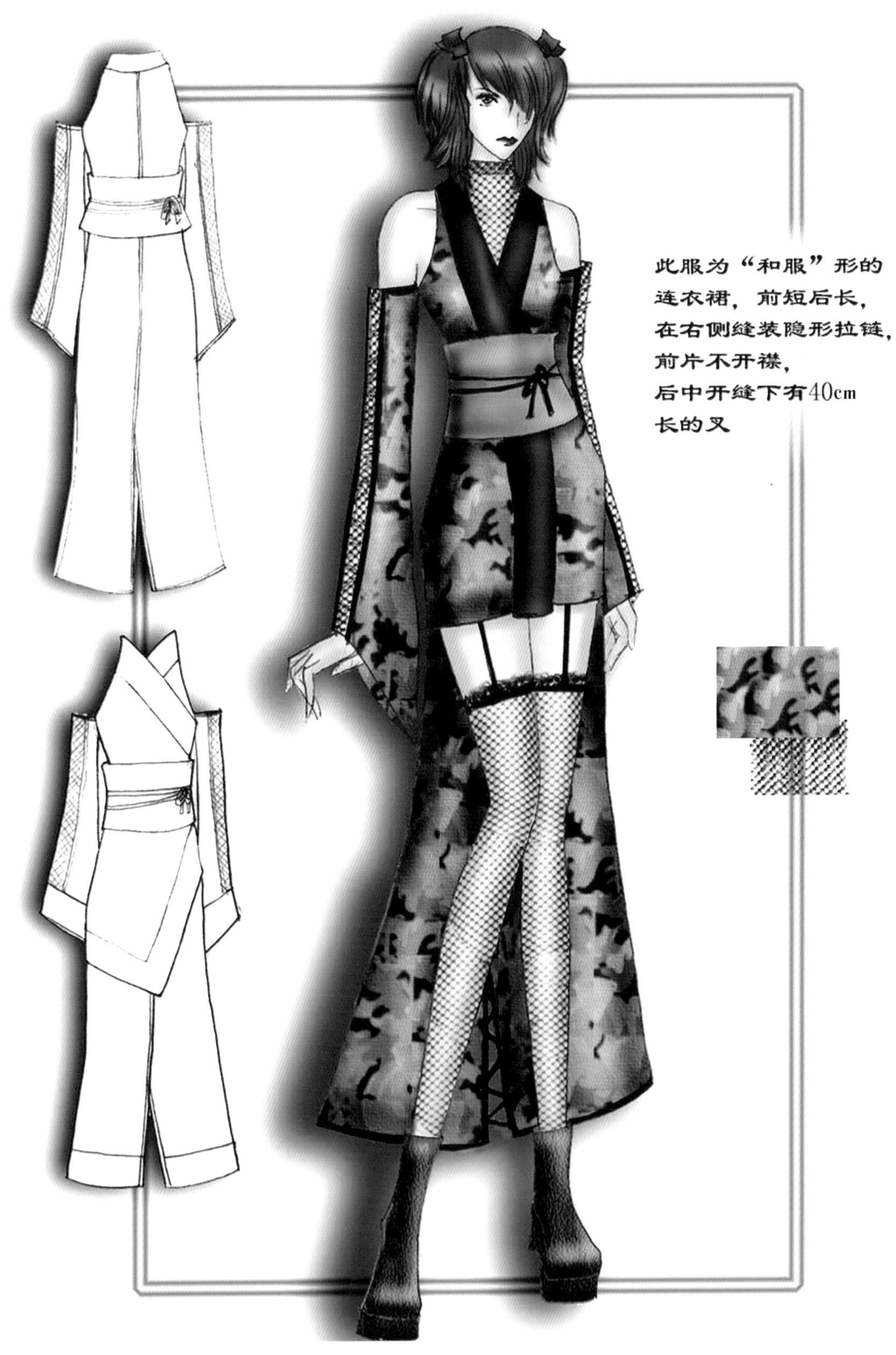

图8-2　电脑画绘制效果（二）

图8-3 电脑画绘制效果（三）

图8-4　电脑画绘制效果（四）

第四节　电脑软件综合绘制法

在服装设计实践应用中主要采用Photoshop、CorelDRAW、服装CAD等软件来绘制时装画。男装、童装设计（款式图）以CorelDRAW绘制为主，而制服和女装设计则以CoreDRAW、Photoshop结合绘制为主，服装纸样主要采用服装CAD软件绘制，3ds Max软件在服装设计或应用较少，究其原因就是因为用3ds Max来制作三维动画服装设计难度较高，要求也很高，成本相应也高。但其界面效果很直观、画面效果较好，融合了各大软件的优势，应用广泛，功能庞大，效果较佳。在其他艺术设计中，如室内设计、广告设计、环绕艺术设计、工业设计等应用较多。作为一个高级服装设计师，必须掌握多种电脑绘制技法，并能综合应用，且要达到技法全面、纵横贯通、游刃有余的程度。

电脑画技法表现手稿如图8-5至图8-11所示。

图8-5　电脑画技法表现手稿（一）

此服为娃娃装的连衣裙，前副不开襟，在后副做一条及腰的长隐形拉链，裙长到膝盖，裙摆宽130cm，下裙设两到三层做活褶。

图8-6　电脑画技法表现手稿（二）

图8-7　电脑画技法表现手稿（三）

图8–8　电脑画技法表现手稿（四）

图8–9 电脑画技法表现手稿（五）

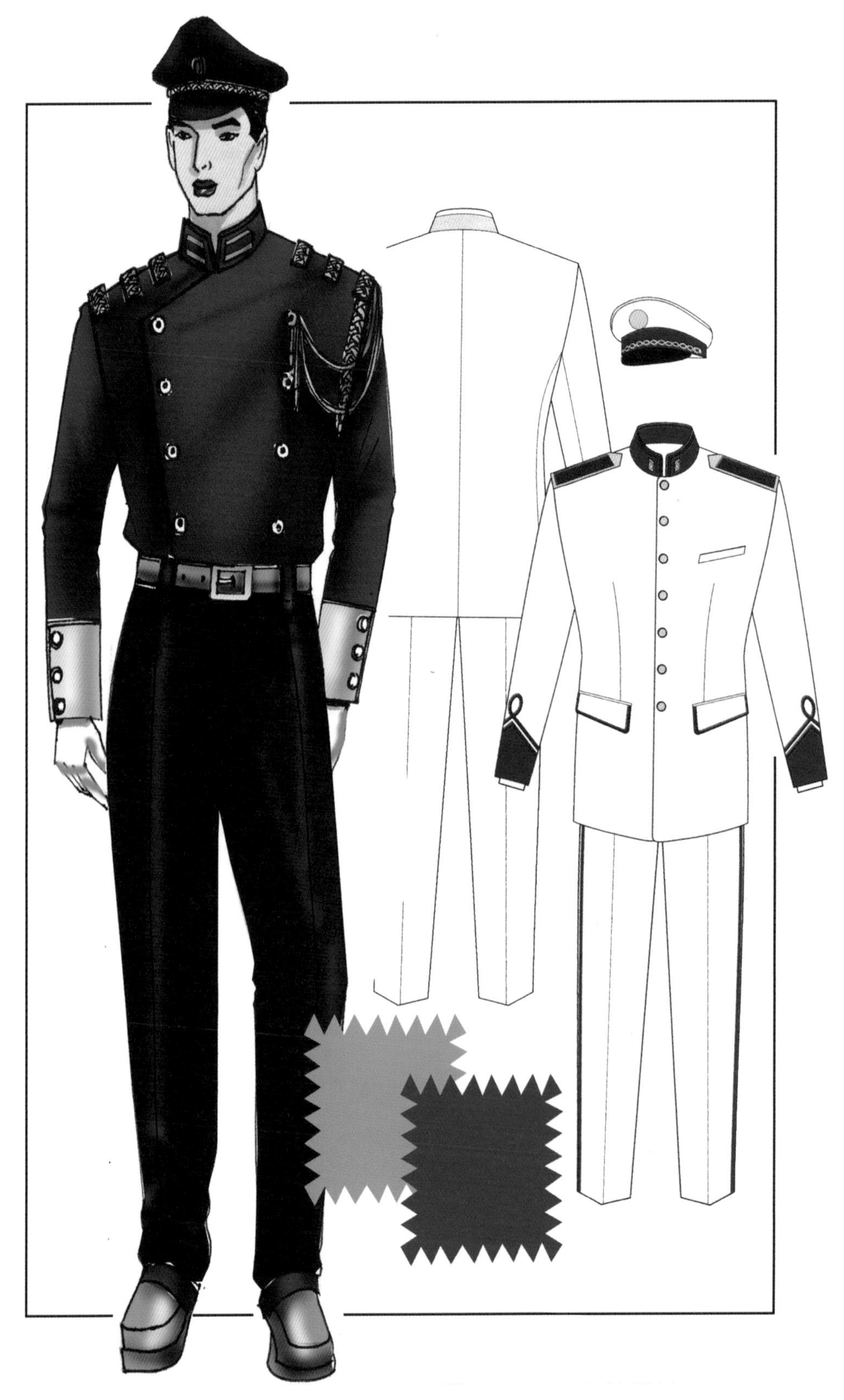

图8-10　电脑画技法表现手稿（六）

图8-11 电脑画技法表现手稿（七）

单元训练和作业

1. 课题训练

课题内容：运用所掌握的电脑技法绘制服装效果图。

课题时间：8学时。

教学方法：示范法、临摹法、比较法和体验法等。

要点提示：注意色纸本色的预留，注意色纸的暗部色绘制及亮部或高光的绘制方法与面积大小。

教学要求：单人技法主体突出，调强个性表现；多人技法色彩和谐，有系列感，并使艺术性与装饰性相结合。

训练目的：掌握色纸画技法要领，按步骤和要求进行绘制，并提高电脑表现技法。

2. 理论思考

通过对电脑表现技法的学习，你认为手绘技法与电脑技法有何不同？各有什么优点和缺点？

第九章 综合画技法

本章要求和目标

◆要求：熟练地掌握前几章的绘画技法要领，熟悉综合材料的性能与特质，合理地表现画面的艺术性和原创性。

◆目标：根据画面的形式和对服装材质的要求，选择合适的绘画技法，以达到最佳的艺术效果。

本章要点

◆ 综合画技法的表现要素

◆ 时装画技法的美学特征

◆ 时装画技法表现

◆ 时装画技法的构成要素

◆ 时装画技法的形式美法则

在前几章的学习中，我们掌握了水彩、水粉、彩色铅笔、麦克笔、色纸及电脑软件等绘画技法，每种技法都具有各自的特征。实践证明，我们在完整地表现个性化、艺术化的作品形式当中，它的表现技法不是单独出现的，而往往是采用多种绘画技法来表现。也就是说，根据画面效果需要和服装面料的特质，要求设计师能够灵活运用两种或两种以上的技法，这就是综合画技法。

第一节 综合画技法的表现要素

综合画技法是建立在前几章基础之上的一种综合技法，结合两种或两种以上的技法均称综合画技法。设计师可根据绘画主题、绘画风格、色彩搭配的需要来确定采用哪一种类型的技法，但最终结果就是让画面美观。

常用的综合技法有水粉与水彩、水彩与麦克笔、彩色铅笔与水彩、色纸与彩色铅笔等。不同的技法表现不同的效果，需要设计师不断地实践与体验，不断地总结从绘画技法中得来的快乐与感受，才能把快乐与悦目带给观者。手绘与电脑绘制可以同时用于一幅画面，手绘技法做到半成品时，输入电脑，再进行电脑技法修饰或完善，特别是复杂的面料或花型都可以在电脑里实现，这样可以顺其自然，因需而做。只有坚持不懈地努力，做到画不离手，技不离画，画不离心，才能达到游刃有余的境界。就像中国写意画那样，做到胸有成竹，才能一气呵成。综合画技法是一种综合技能，它不是一朝一夕的功夫，而是一个长期训练的过程。既要有人体绘画的基本功底，也要有着装绘画与设计的能力，还要有色彩配搭的常识，最后就是高超的表现能力。

综合画技法表现色调对比如图9-1所示。

前面几章所提到的技法内容只是最常见的几种绘画技法，未曾提到的技法还有喷绘、印染、肌理、刮画和手绘等，需要我们不断地探索和总结。绘画笔除了用铅笔、钢笔、签字笔、毛笔、排笔之外，还可以用蜡笔、粉笔、圆珠笔、炭笔、炭粉、炭条、荧光笔等。颜料也可以采用非常规颜料，如纺织颜料、丙烯颜料、油画颜料、墨汁、涂料甚至涂改液等。纸张也可以多样，绘画风格也任其自然，投其个人所好。但是，不管采用什么绘画形式，什么纸张，什么笔，什么颜料，条件不是问题，最主要的是要有好的结果。就像一道数学题，解题方法可以多种多样，答案可只有一个。优秀范例如图9-2所示。

图9—1　综合画技法表现色调对比

图9-2 综合画技法表现范例（一）

第二节 时装画技法的美学特征

时装画是服装设计的第一步，也是服装设计最重要的环节之一。时装画是以绘画为基本手段，通过一定的艺术处理方法来体现服装设计的造型特征和整体艺术气氛的一种艺术形式。与其他绘画艺术相比，它具有双重性，它介于服装设计和绘画艺术两个领域。一方面，时装画属实用艺术范畴，是服装设计的表达方式之一；另一方面，时装画是借助于绘画手段来展示服装的整体美感的，又具有一定的艺术审美价值。因此，它可以是实用性的，也可以是欣赏性的，如图9-3所示。

时装画不同于一般的绘画艺术，它给人的是一种直观的现代美感，这也正是时装画的个性特征所在。虽然它是以绘画为手段，但绝不像绘画那样的随心所欲、任意挥洒。时装画常常是以简洁、明快而新颖的艺术语言来表达。更主要的是，时装画的表现直接地受到服装造型结构的制约，也就是说，无论采取任何一种表现形式与手法，均应以渲染、烘托服装的造型特征和艺术气氛为最终目的，如图9-4所示。

不可否认，时装画是体现服装设计师的设计构想的最直接的表达方式。因此，其最重要的品质在于它所具有的一种由服装设计师深思熟虑的画面设计意图。对于一位成功的服装设计师来讲，深刻的创意和独特的艺术形式所构成的艺术统一性，是完美和谐的前提，进而达到服装整体美感。从这层意义上看，时装画的形式与内容是无法分离的有机整体，正因为如此，时装画更重视借鉴和吸收其他的艺术形式和表现手法，以展示服装造型的现代美感，如图9-5和图9-6所示。

图9-3　综合画技法表现范例（二）

图9-4 综合画技法表现范例（三）

图9-5　综合画技法表现中的现代美感（一）

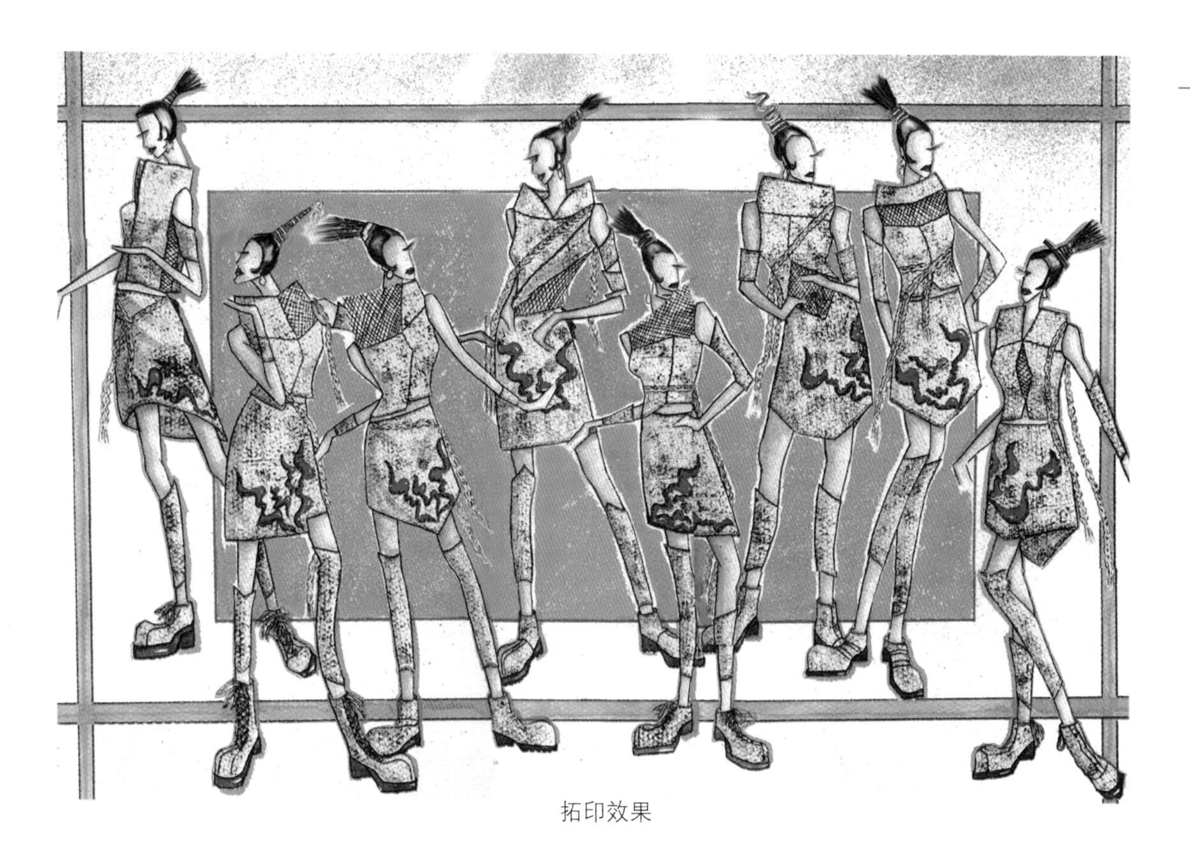

拓印效果

图9-6 综合画技法表现中的现代美感（二）

第三节　时装画的技法与表现

1. 表现成衣的时装画

表现成衣的时装画(此类服装画也可称为服装设计效果图)，其设计对象是某一阶层或某一行业、某一年龄段的人，所以其服装款式结构、工艺特点及装饰配件等都要表现得极为准确、清晰。这类时装画一般出自于服装设计师之手，其特征是作为服装设计的第一步和服装设计的科学依据而存在的。它更多地考虑到服装的合理性和实用效果。因此，它是以实用价值占主导地位的，如图9-7所示。

图9-7　表现成衣的时装画

2. 表现高级时装的时装画

表现高级时装的时装画，其设计对象是某一个具体的人，诸如知名人士、艺术家、演员、节目主持人等。这类时装画的画面效果更接近于绘画艺术，具有很强的艺术性和鲜明的个性特征，如图9-8所示。

因此，这类时装画一般不是作为设计的科学依据而存在的，而是用做欣赏及宣传等。值得指出的是，此类时装画不仅仅出自于服装设计师之手，同时也出自于一些著名的服装画家之手，如服装画家芬妮·丹特等均有大量的时装画佳作传世。另外，在一些参赛的时装画中，则同时具备以上两种特征，既表现服装的整体造型结构和服装的工艺特点等，又突出其艺术表现效果，具有一定的艺术审美价值，如图9-9所示。

图9-8 高级时装的表现（一）

图9—9 高级时装的表现（二）

第四节　时装画技法的构成要素

正因为时装画是以绘画形式为主要手段。所以，它在某种程度上与绘画有着共同的艺术语言。特别是在时装画的构思阶段，与绘画艺术没有什么区别，即同样是以追求新颖和完美为准则，同样是以丰富的想象力和形象思维来完成的。由于服装设计是一门综合性的艺术，因此，在时装画的构思阶段仅仅运用形象思维还是不够的，还应充分发挥开放性思维和多维性思维，使设计产生和体现最广阔的、多种多样的可能性。然而，时装画毕竟是服装设计的第一步，同时也是作为实现设计的最终整体艺术效果。因此，其设计构思一经筛选和确定了最佳设计方案之后，就要受到服装工艺、服装色彩、服装材料、服装形式、服装流行及服装市场等因素的制约，这种特殊性形成了时装画所特有的艺术语言和内涵。

时装画所表达的内容主要有三个方面。

1. 构思立意

毫无疑问，时装画是以某一个具体的人或某一阶层的人作为造型依据的，其服装的款式构成、色彩搭配、面料选择等，均需从属于穿衣者的社会属性、着装环境、工作性质等，脱离了这些特定的前提条件是没有意义的。如歌唱演员的服装设计，其立意首先应该考虑演员的形体特征、内在气质及审美倾向性(包括着装特色、习惯、色彩嗜好等)穿着场合，合体性特征，进而考虑其演唱内容、风格及着装环境(包括舞台、灯光的设计特点等)，以此作为设计的根据来进行服装造型结构、色彩配置及面料辅料、制作工艺的整体构想，并通过时装画加以集中表现。使设计呈现简洁、高雅的艺术效果，充分体现演出服特有的实用功能及在特定环境中所产生的整体美感，如图9-10至图9-12所示。

例如，现在要为青年女性设计一套春秋装，首先要考虑的是这一阶层的青年女性的生活状态及审美要求。这个阶层的青年女性正处在学习和求知时期，人生观和审美观日趋成熟，同时又有着强烈的对美的追求，很少被保守思想和传统观念的束缚，容易受到新思潮和新观念的影响，追流行、赶时髦是这个阶层的青年女性的主要特点。因此，其服装的款式要新颖，色彩要别致，面料辅料不宜太华丽，以突出青年女性的自然美为准则。在时装画中，应充分地表现出设计的构想及由此所产生的整体效果，如图9-13和图9-14所示。

图9-10　演出服的表现（一）

图9-11 演出服的表现（二）

图9-12　演出服的表现（三）

图9-13 青年女性服装表现手稿（一）

图9-14 青年女性服装表现手稿（二）

2. 工艺特征

服装设计之所以能够富于创造性地表达人体美和人的气质美，除了时装画所产生的艺术效果和艺术价值以外，同时要靠缝制工艺的有机配合来完成。因此，在时装画中应该对其工艺制作的具体要求有较为明确的表现。这其中首先是服装款式结构的表现，包括一些细微的结构，诸如省道、开衩、衣褶等的表现；其次是对服装制作工艺的表现。

例如，在一些高档时装设计的时装画中，应该对其采用的剪裁手段(平面剪裁或立体剪裁)、缝制要求及选用的材料、辅料，包括一些所配备的带子、环、扣子等，均应给予清晰地表现。由此可见，在时装画中要充分体现出服装的工艺性和艺术性两种构成因素的内在联系，切不可偏重一方而忽视另一方。

3. 装饰配件及其他

时装画中对服装的表现应该是整体而全面的，其中包括必需的配件和装饰品等，特别是在一些礼服和高档时装中，配件和装饰品(如头饰、胸饰、手包、腰带、手镯等)常常占有很重要的位置，应有明确的表现。

此外，为了进一步充实时装画的表达力，有时可根据设计的需要画出服装款式的平面展开图和缩比裁剪图。还可以用简练的文字辅助说明有关设计的构想及设计的主要特征、工艺特征，必要时还可附上其设计所需的面料的料样和辅料的料样，以体现时装画的实用性和设计的完整性。

第五节 时装画技法的艺术法则

时装画作为一种设计手法和艺术表达方式，在其表现过程中，常常是依据一定的艺术法则来实现的。

1. 夸张的运用

时装画中最常用的艺术法则是夸张手法，其中包括对服装造型的夸张和人体造型的夸张，这种夸张有时是整体上的，有时是局部造型上的。对服装造型的夸张一般应是服装结构主体中最新颖、最引人注目的部位，也是最能让人产生共鸣的部位，如肩部、腰部、裙摆等。应该注意的是，时装画中对于服装的夸张往往是借助于人体的夸张来实现的，人体美与服装美是相互依存的统一体。因此，对于人体的夸张和艺术表现是时装画的重要特征之一。当然，这种夸张和艺术处理是与时代文化艺术思潮和审美倾向相一致的，不同的时代文化，人体美的内涵也不同。比如在唐代文化艺术中，人体美是以丰满、雍容华贵为标准的；明清文化艺术中的人体美是以纤细、柔弱和窈窕为标准的；当代文化艺术中的人体则是以修长、潇洒、浪漫为特征，如图9-15所示。

时装画中的人体美恰恰契合了这一典型的审美倾向。确切地讲，时装画中的人体美的内涵为：修长的体态、潇洒的风姿和浪漫的气质。我们将具备这种特征的人体称之为服装人体。在成人服装人体的比例中身高一般为8个头长，毫无疑问，它是在写实人体的基础上经过夸张、概括和提炼而产生的理想化的人体比例。值得指出的是，由于文化思想和教育体制的不同，反映到世界上各个国家的服装教学中，服装人体的比例也不尽相同。如美国纽约时装工艺学院的服装人体比例为9个头长；日本东京文化时装学院的服装人体比例为8个头长至10个头长之间；而法国巴黎埃斯莫德时装设计学校的服装人体比例则为10个头长以上，如图9-16所示。

对于人体的夸张，男性与女性是应该分别对待的，因为时装画中男性和女性的美感是不同的。男性的夸张部位一般为：肩部的宽厚感，四肢的长度，肌肉的发达程度，手、脚的粗壮程度等，从整体上给人一种健美感。女性的夸张部位一般为：颈部的长度，胸、腰、臀的曲线美(正面和侧面均能体现出这种曲线美)，四肢的长度，头、手、脚的姿态等，从整体上给人一种优美感。

2. 节奏的运用

时装画中经常运用的另一个艺术法则是节奏。节奏是一切事物内在的最基本的运动形式，人们的生理起伏流转即为节奏，形式美给予人形象的直觉，这种直觉主要体现为节奏，节奏能唤起人们的共鸣。不仅音响运动的轻重缓急可构成节奏，绘画中线条的有规律的排列和流动、色彩的层次变化、结构的间隔和穿插等均可构成节奏。时装画的点、线、面的组合，画面直线和曲线的变化，纽扣或装饰点缀的聚散，皱褶的重复出现，款式外部形态的单向或双向渐变等，同样能构成一定的节奏美感。因此。在一幅好的时装画中，要善于利用人体姿态、款式、色彩及运笔、用线的艺术处理来达到一种整体美的和谐，使时装画更具有审美价值。

图9-15 时装画技法中夸张的运用（一）

图9-16　时装画技法中夸张的运用（二）

3. 多样统一的运用

时装画艺术形式多种多样，举不胜举，这里就不一一介绍。常见的还有比例、均衡、韵律、重复等，时装画艺术形式也有可能多种形式同时出现在一幅作品中，呈现出多样而统一的规律，充分地体现了时装画的综合美。

单元训练和作业

1. 课题训练

课题内容：根据某一服装设计大赛设计要求，运用综合技法绘制一幅作品并投稿。

课题时间：8学时。

教学方法：示范法、临摹法、归纳法和自我创新法等。

要点提示：综合技法要重点体现“综”字，表现效果具有一定的形式美。

教学要求：要求所用技法恰到好处，表现形式多种多样，最终充分表现时装画的综合美。

训练目的：择众家之长，体现综合能力，随需而变，培养自己的空间想象力和表现力。

2. 理论思考

在时装画技法中，综合技法与单项技法相比，你认为哪一种方法更适合你，你还有何创新？

第十章 款式图的绘画技法

本章要求和目标

◆要求：款式图绘画技法要与市场相一致，款式新颖，具有艺术性、实用性、创新性及时尚性。结构表达清晰，款式表现完美，手绘与电脑技法相结合，符合市场生产要求。

◆目标：掌握款式图绘制原理和表现技巧，按款式绘画技法的步骤进行。

本章要点

◆ 款式图的绘制特征

◆ 款式图的绘制方法

◆ 款式图的绘制实践

通过学习服装表现的各种技法，我们掌握了一定的技法要领，但如何将所学知识应用于生产实践，迎合服装市场需求，实现成衣效果，又能在最短的时间内体现设计师个人的思想和设计理念？在此，我们首先来认识一下市场服装流水线的过程：设计策划→设计实施（款式图、效果图）→纸样→制版→放码批量生产等。由此可见，款式图的绘制至关重要，不仅要求绘制作品具有一定的市场元素，同时还要体现设计师的创作水平，同时设计图还要在生产过程中便于流通，并起到样板和生产指导的作用。

第一节　款式图绘制要求

一、材料要求

1. 工具的准备

需要准备的工具有：纸、笔、直尺、曲线板和橡皮等。

2. 草图的准备

草图是设计师根据个人设计构思以及工作任务的要求绘制的图稿，包括服装的正面和背面，需不断进行修改直到满意为止，然后复制到正稿上。如果不经过草图直接绘制正稿就要求设计师要有较高的素描或速写能力。

3. 拷贝台的几种方法

（1）自然光拷贝：在室内透明的玻璃窗上，当白天有自然光的情况下，自内向外拷贝。晚上，光在屋内，人在外向里拷贝。

（2）拷贝箱（台）拷贝：自制尺寸为课桌大小里面装一个小型的白炽灯管，上面盖一块玻璃板，或透明有机板对光进行拷贝。

（3）拷贝纸拷贝：有厚、薄之分的硫酸绘图透明纸。

（4）自制台灯式拷贝：倒放四脚板凳，使其四脚朝天，让桌面挨地面，并在四脚中间放置一个小型台灯，四脚上放一块透明玻璃板即可。

拷贝方法很多，目的都是为了绘制出精细的图纸，我们可根据自己的实际条件来确定拷贝方法。

二、服装设计要求

1. 服装设计的艺术性

艺术性即美观、漂亮，具有闪光点及亮点和吸引人的地方。服装本身能吸引消费者、满足客户的心理要求，让人看了就会赏心悦目，恋恋不舍，并产生占有的欲望。

2. 服装设计的实用性

实用性就是可穿性好，防寒保暖、舒适、手感好，穿脱方便，适合人群广，年龄跨度大，适合不同季节穿着等。

3. 服装设计的价值性

价值性就是以最低的成本，造就更高的市场价值，服务更多的人群。对于设计师个人来讲，设计成本要低，工艺制作难度不大，设计上宁减不加，宁简不繁，销售业绩好，回报率高。

4. 服装设计的工艺性

工艺性就是可操作性，操作工艺简单，能快速成型。设计工艺成本低，工艺效果好。纸样制作方便，纸样、排料、放码快捷方便，车缝工艺流水线生产和成件快。

5. 服装设计的流行性

流行性就是符合市场潮流，流行的色彩、流行的款式、流行的面料材质，深受广大消费者欢迎。时尚、时髦，在国际或全国、地区范围内有一定的消费市场，流行周期长等。

三、款式图绘制要求

在服装设计与生产流程当中，服装款式图的绘制是一个重要环节。服装款式图主要包括服装的正面款式图、背面款式图、服装中码尺寸、面料样板、款号、局部工艺说明等内容。绘制过程是先绘制草图再绘制正稿，草图可以按设计师个人习惯来绘制，具有随意性、灵活性、多样性，但正稿要求非常严格，如线条表达清晰，明线、暗线、结构线、车缝线均要设好定数，服装结构明确，局部说明详细，尺寸要求具体，服装表现完整等。

四、服装设计工艺要求

科技在发展，市场在更新，要求服装设计工艺具有流行性、新颖性、美观性、实用性和操作性等。常见的服装设计工艺有钉珠、绣花、扎染、蜡染、手绘、镂空、洗水、扎花、杠棉、断刀、破缝、收省、打折、做旧、抽纱、滚、包、扎、盘、烫花、烫钻、烫石、烫图等。

第二节　款式图的绘制方法

款式图的绘制方法主要有以下几种。

1. 实物写生法

在来样加工的制作过程中，多采用实物写生法。这种方法就是把实物平放在桌面上，以正面、背面的形式分别进行绘制的过程。放置实物时，注意以实物的最佳角度、正面的大部分或局部的精彩部位为作画对象。

2. 坐标取点法

先准备一张坐标纸（建筑用坐标绘图纸），放置在半透明制图纸下方，并在坐标纸上用铅笔定出款式图的中心线，然后以坐标纸作为参照对象，以方格定点法，从上至下，从左至右。左右对称，以上、下、左、右比例正确为原则。可以目测，也可以按实物原尺寸进行缩比的方法去进行。

3. 人台（人体）套衫法

采用标准人台或人体，根据款式特点，在人台或人体上定点，进行成衣绘制的过程，以缩比形式进行。

4. 数据比例法

就是根据实物的实际尺寸或制单尺寸，进行数字缩比形式，从上至下、从正面至背面的绘制过程。

5. 左、右镜像法

画出左侧的图，就可以复制出右侧的图。

6. 目测草图法

这是设计师在成衣设计过程中采用最多的方法。要求设计师具备一定的造型基础，能随意把握成衣的比例尺寸，又能把握具体尺寸的纵向与横向的比例关系。设计师在草图上可以随意设计、随意修改直到满意为止。然后以草图为底，上面放置一张正稿，用铅笔轻轻地勾勒出款式的结构与轮廓（自己能看清即可）。

7. 电脑复描法

在款式草图基本完稿后，输入Photoshop中先存档，然后打开CorelDRAW，把存档文件导入CorelDRAW文件中，经过重复描线，然后群组重新绘制的款式图，完稿后再存档，最后删除导入的原文件。

8. 电脑绘制法

绘制平面款式图的软件有很多，如Photoshop、Auto CAD、CorelDRAW、航天、思路达、金顶针等，但目前用得最多，绘图功能最强大的是CorelDRAW。

第三节　款式图的绘制步骤

（1）绘制草图：按尺寸或比例绘制草图，也可凭直观感觉或凭经验进行表现。

（2）复稿、描线：可以在自制白光玻璃台上进行，也可在自然光的玻璃窗上绘制。家庭中还可以把方凳翻倒，中间放一个台灯，四脚上再放一块玻璃板进行绘制。先轻描，后重描，需充分利用直尺和曲线板。

（3）将外轮廓线加粗，再压线。

（4）进行整体调整与布局。根据生产要求，一般需要款式图、规格尺寸、面料样板及局部工艺说明。

款式图的绘画技法表现手稿如图10-1至图10-18所示。

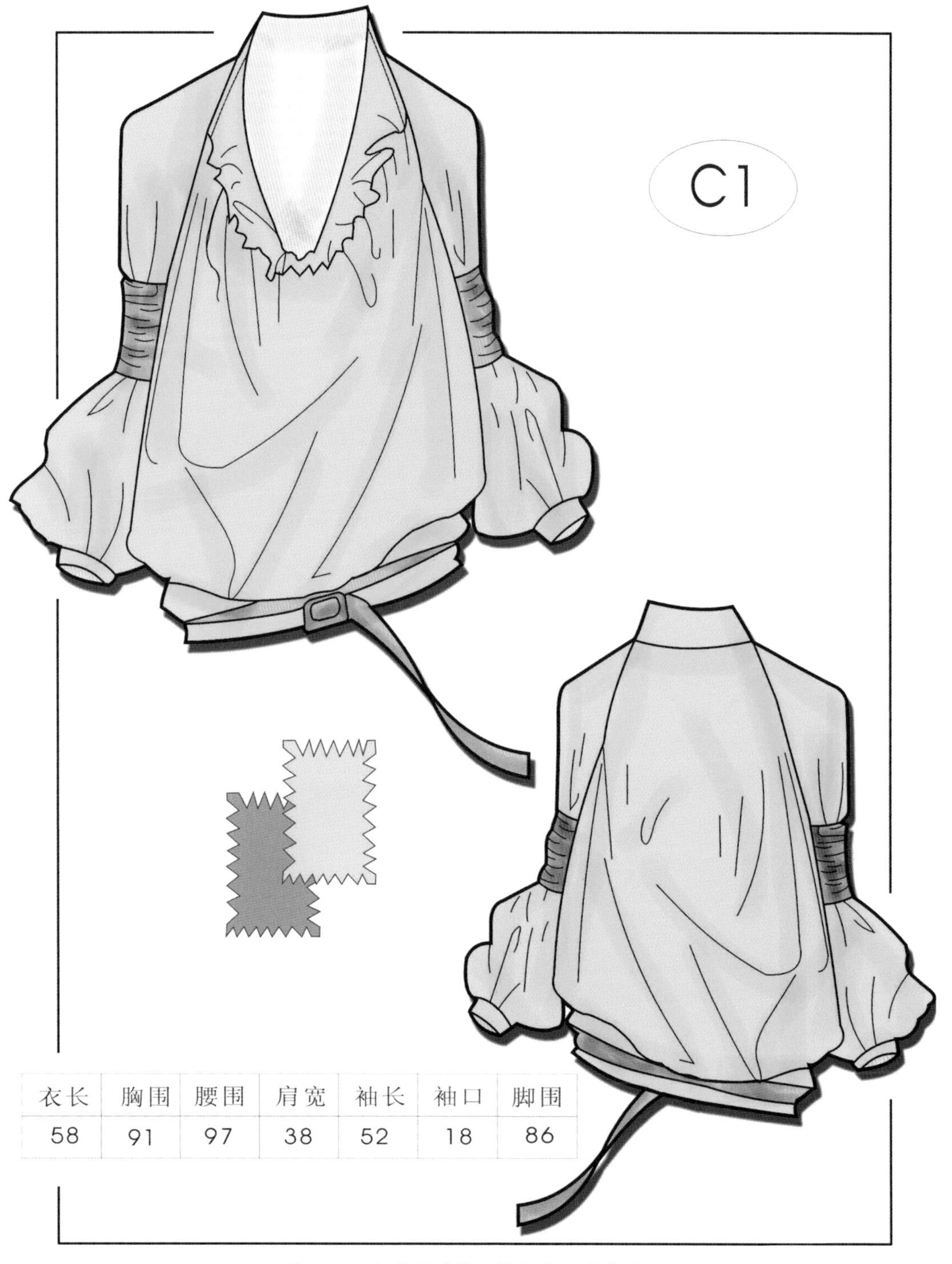

衣长	胸围	腰围	肩宽	袖长	袖口	脚围
58	91	97	38	52	18	86

图10−1　款式图的绘画技法表现手稿（一）

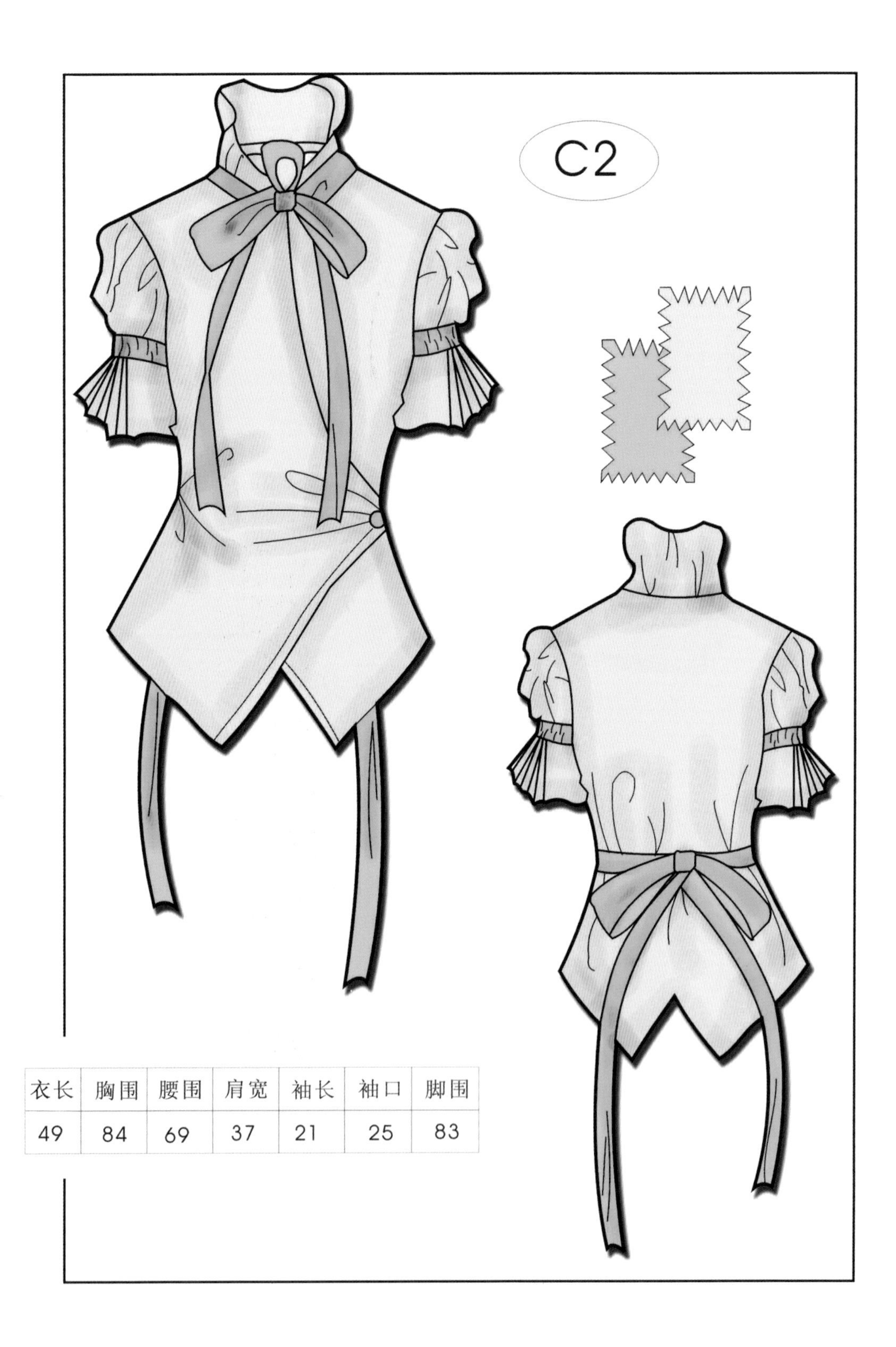

衣长	胸围	腰围	肩宽	袖长	袖口	脚围
49	84	69	37	21	25	83

图10-2　款式图的绘画技法表现手稿（二）

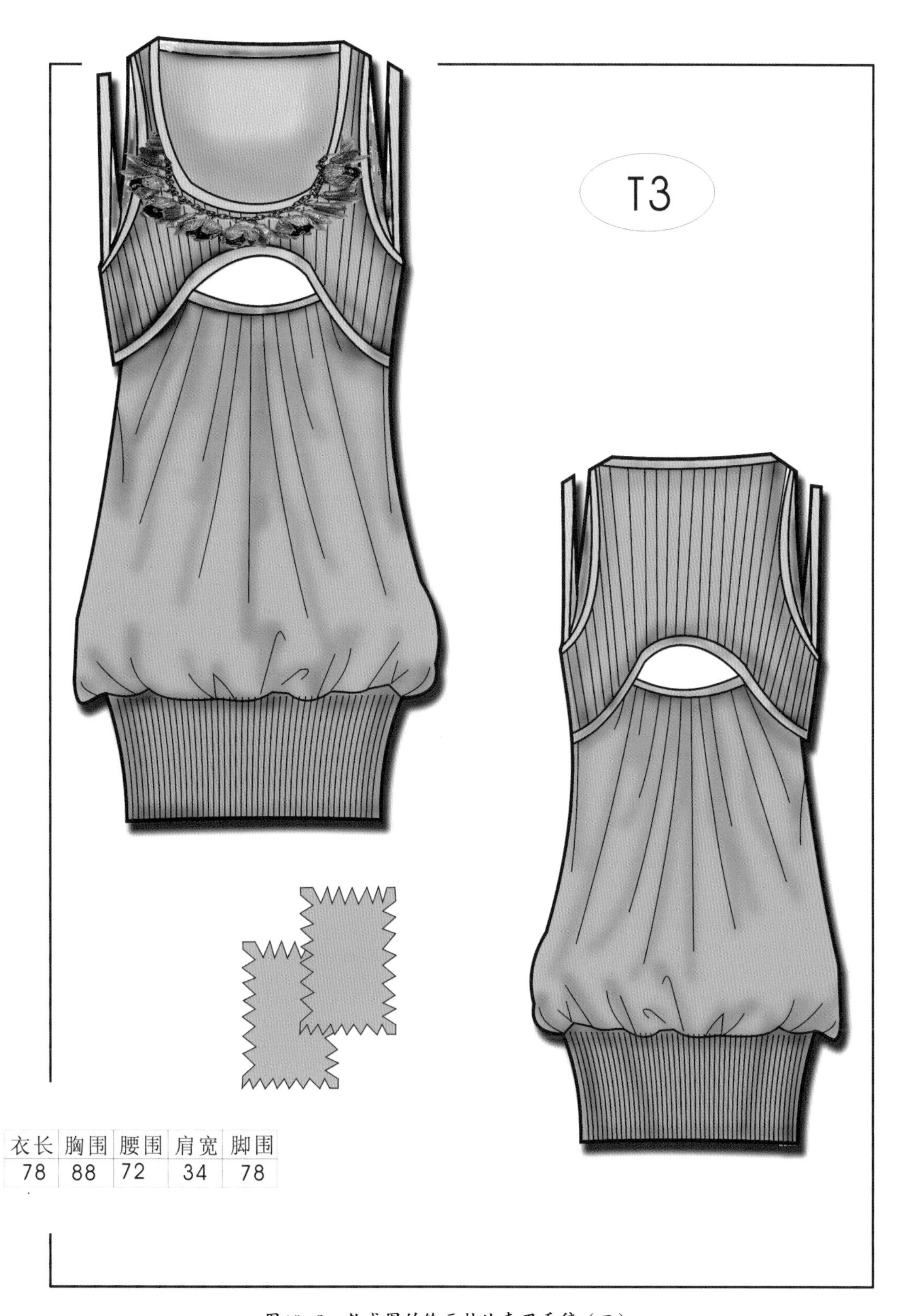

衣长	胸围	腰围	肩宽	脚围
78	88	72	34	78

图10-3 款式图的绘画技法表现手稿（三）

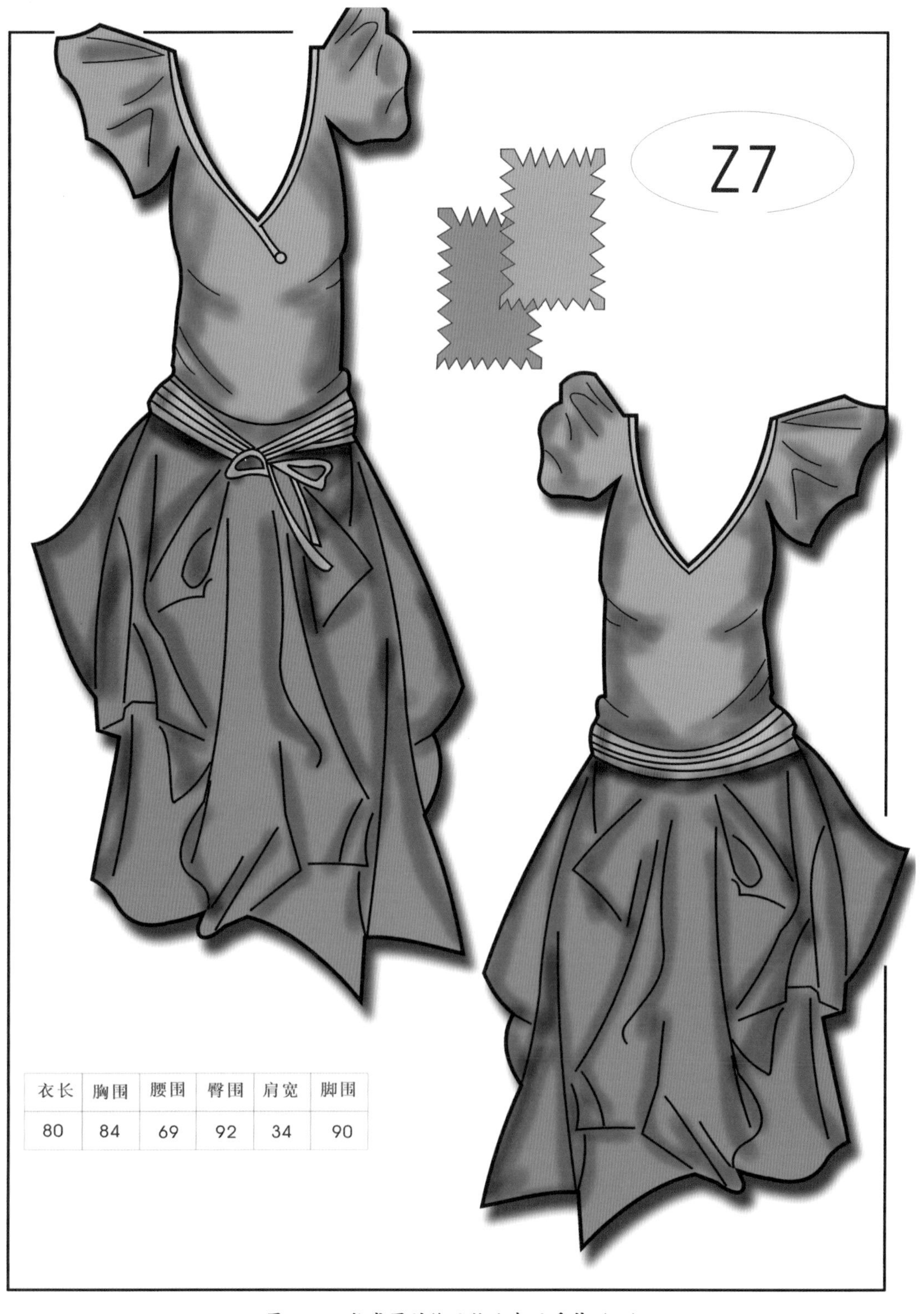

衣长	胸围	腰围	臀围	肩宽	脚围
80	84	69	92	34	90

图10-4　款式图的绘画技法表现手稿（四）

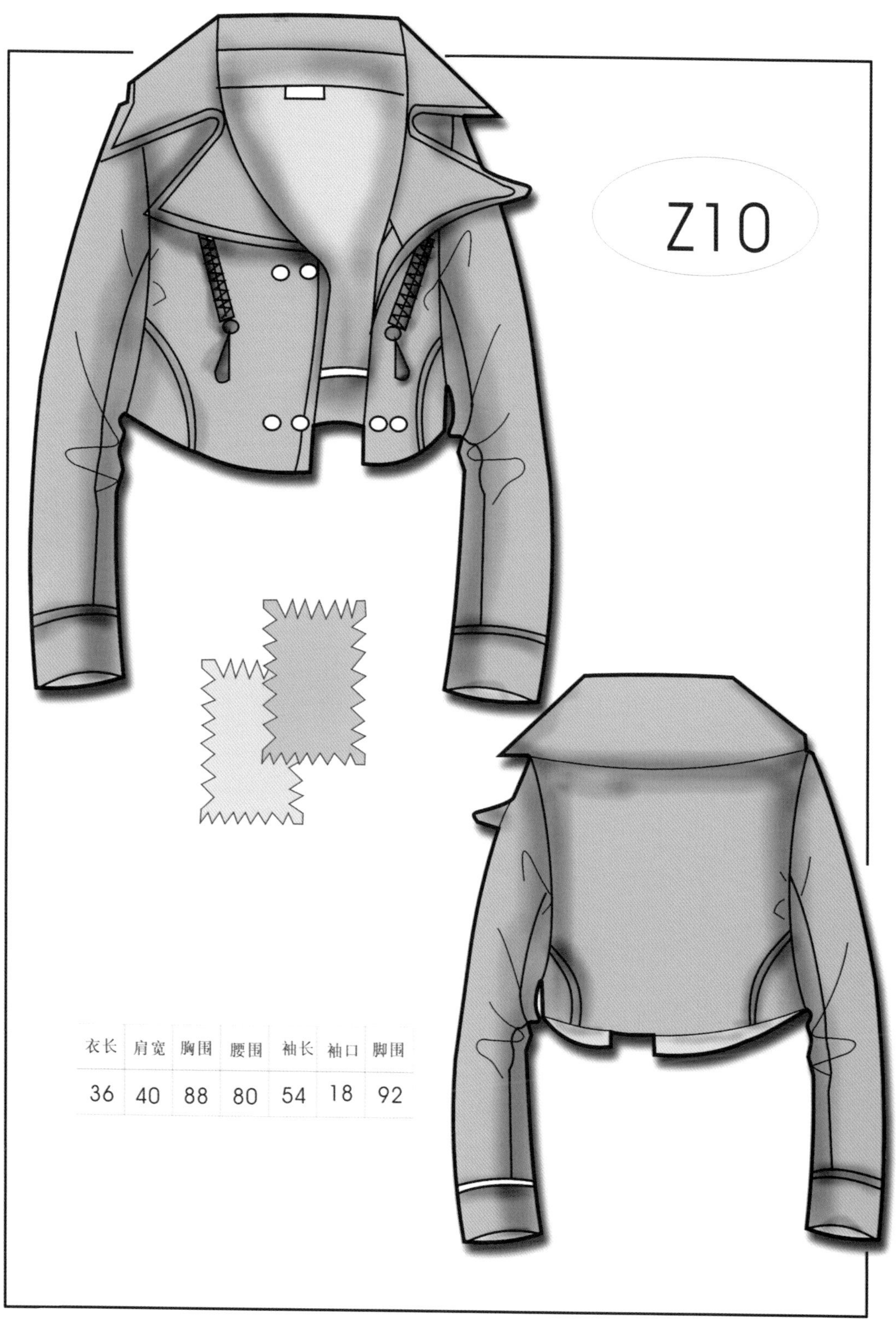

衣长	肩宽	胸围	腰围	袖长	袖口	脚围
36	40	88	80	54	18	92

图10–5　款式图的绘画技法表现手稿（五）

衣长	胸围	腰围	脚围	肩宽	袖长	袖口
80	88	78	88	40	53	18

图10-6　款式图的绘画技法表现手稿（六）

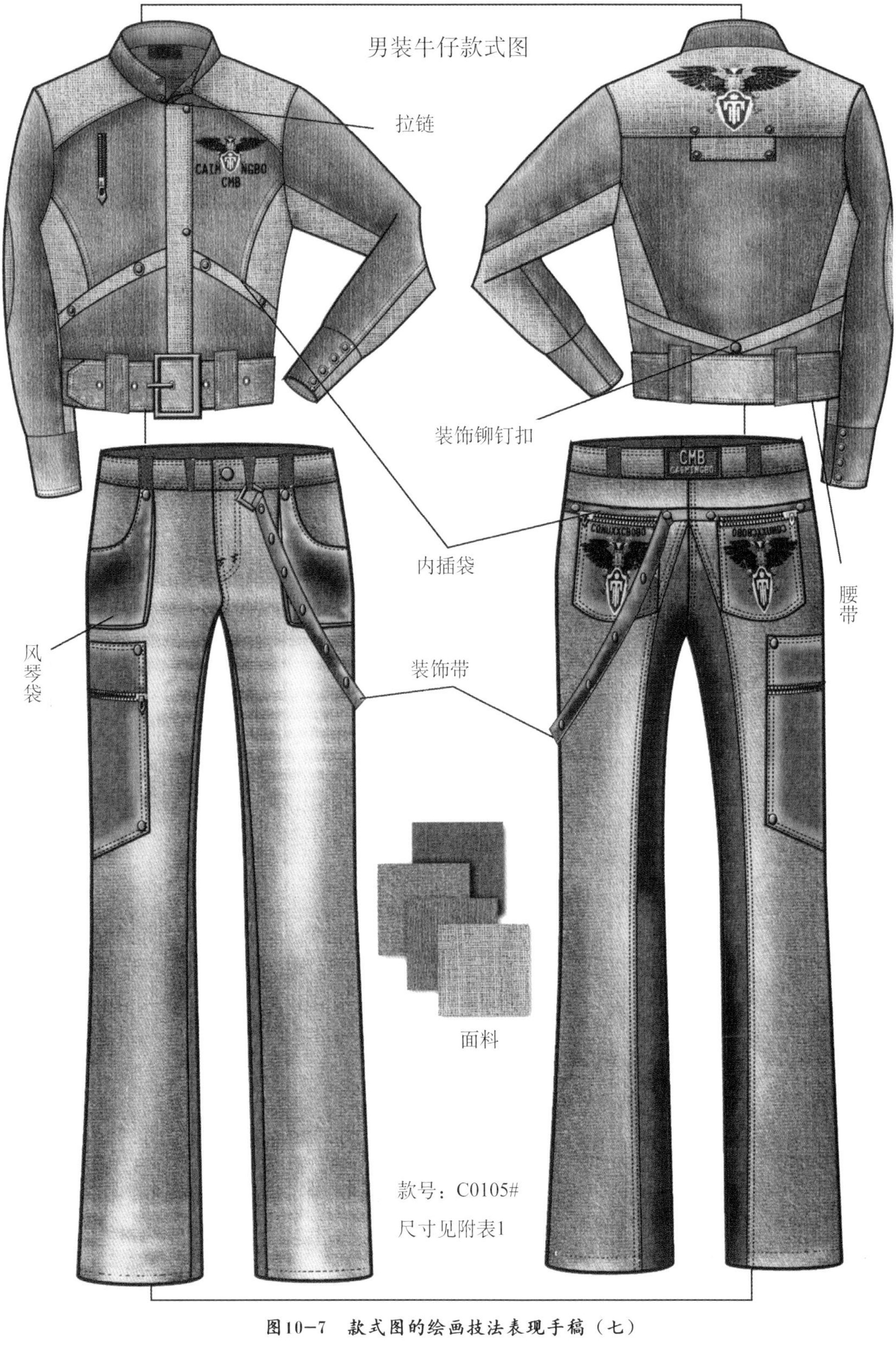

男装牛仔款式图

拉链

装饰铆钉扣

内插袋

腰带

风琴袋

装饰带

面料

款号：C0105#

尺寸见附表1

图10-7　款式图的绘画技法表现手稿（七）

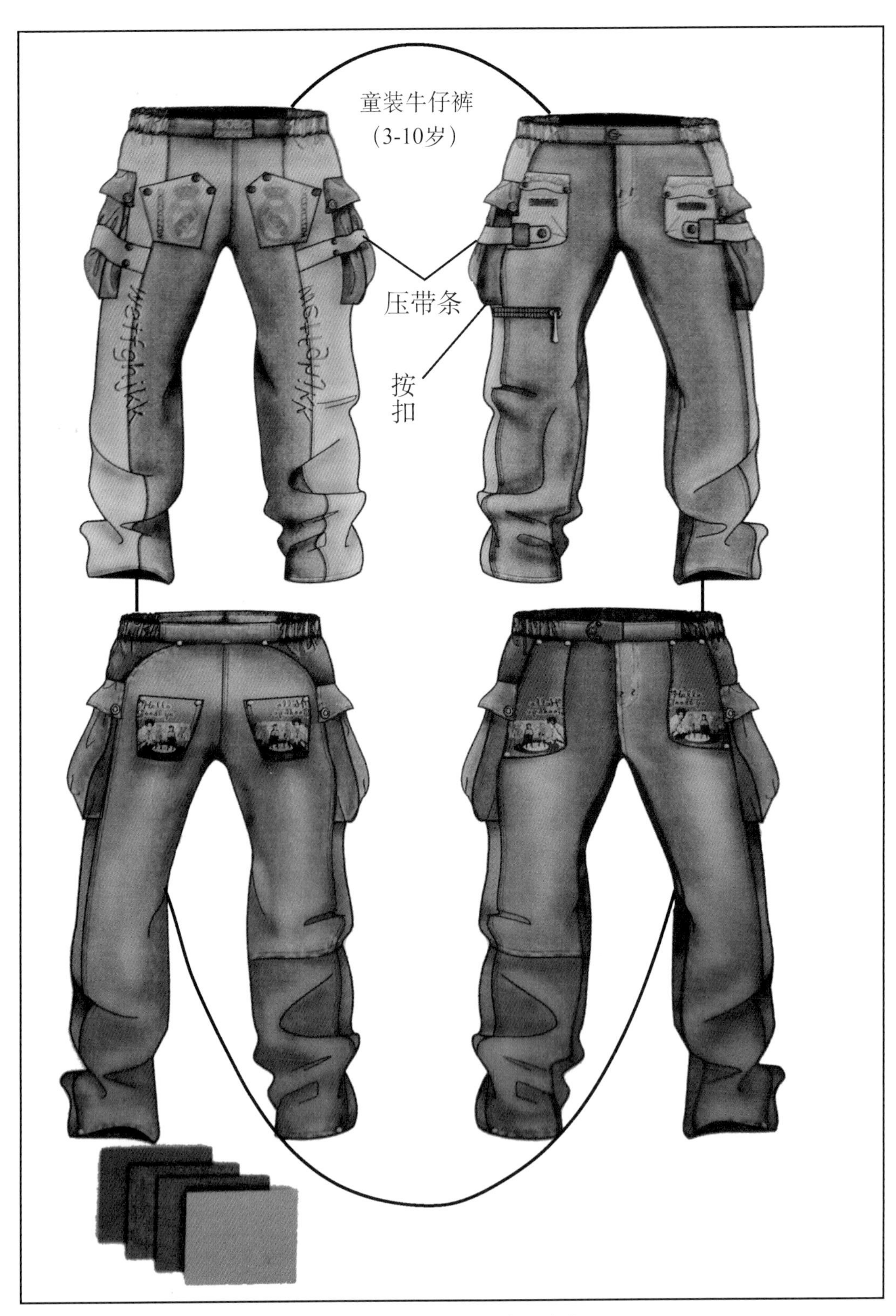

图10–8　款式图的绘画技法表现手稿（八）

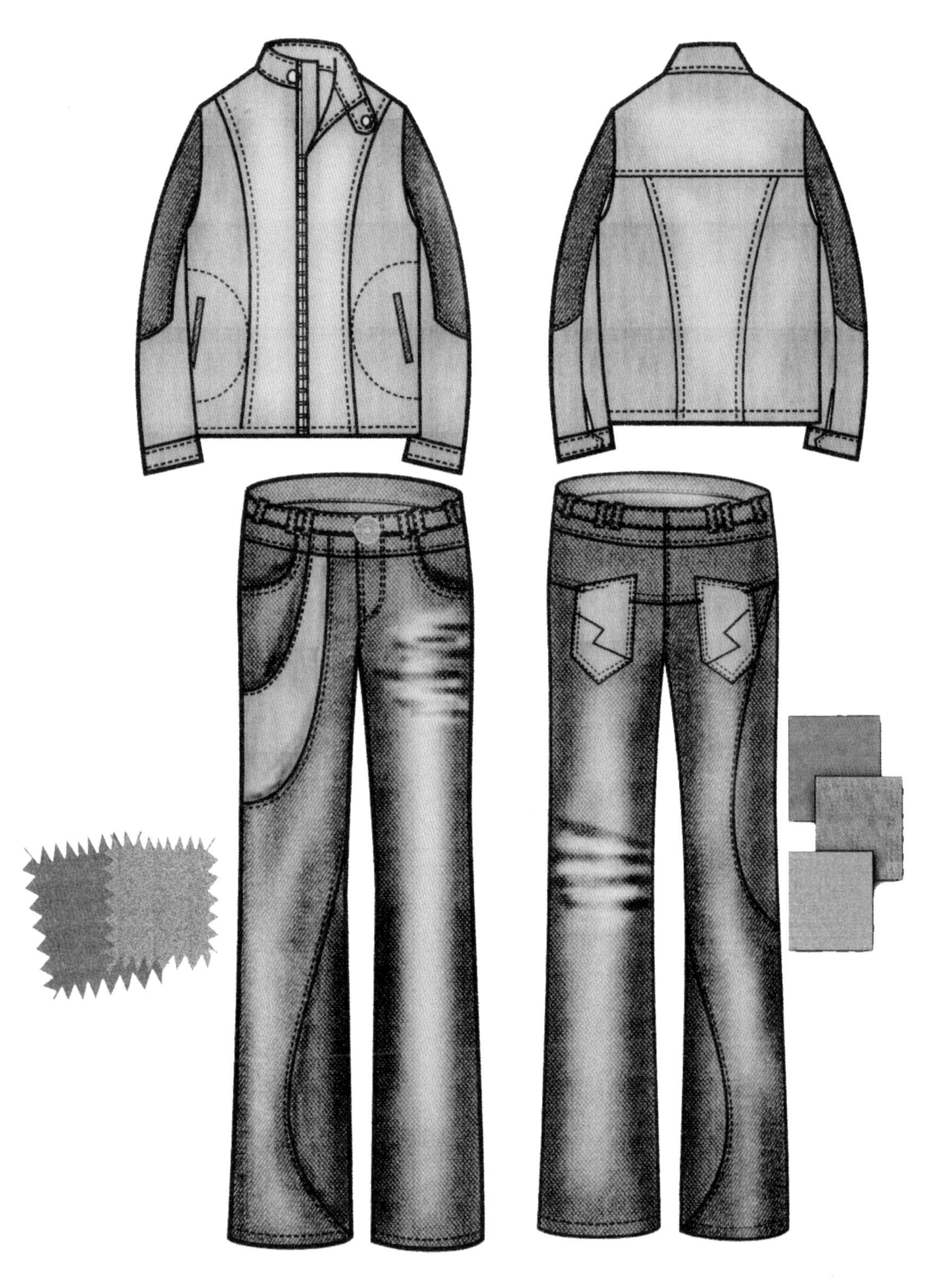

图10–9　款式图的绘画技法表现手稿（九）

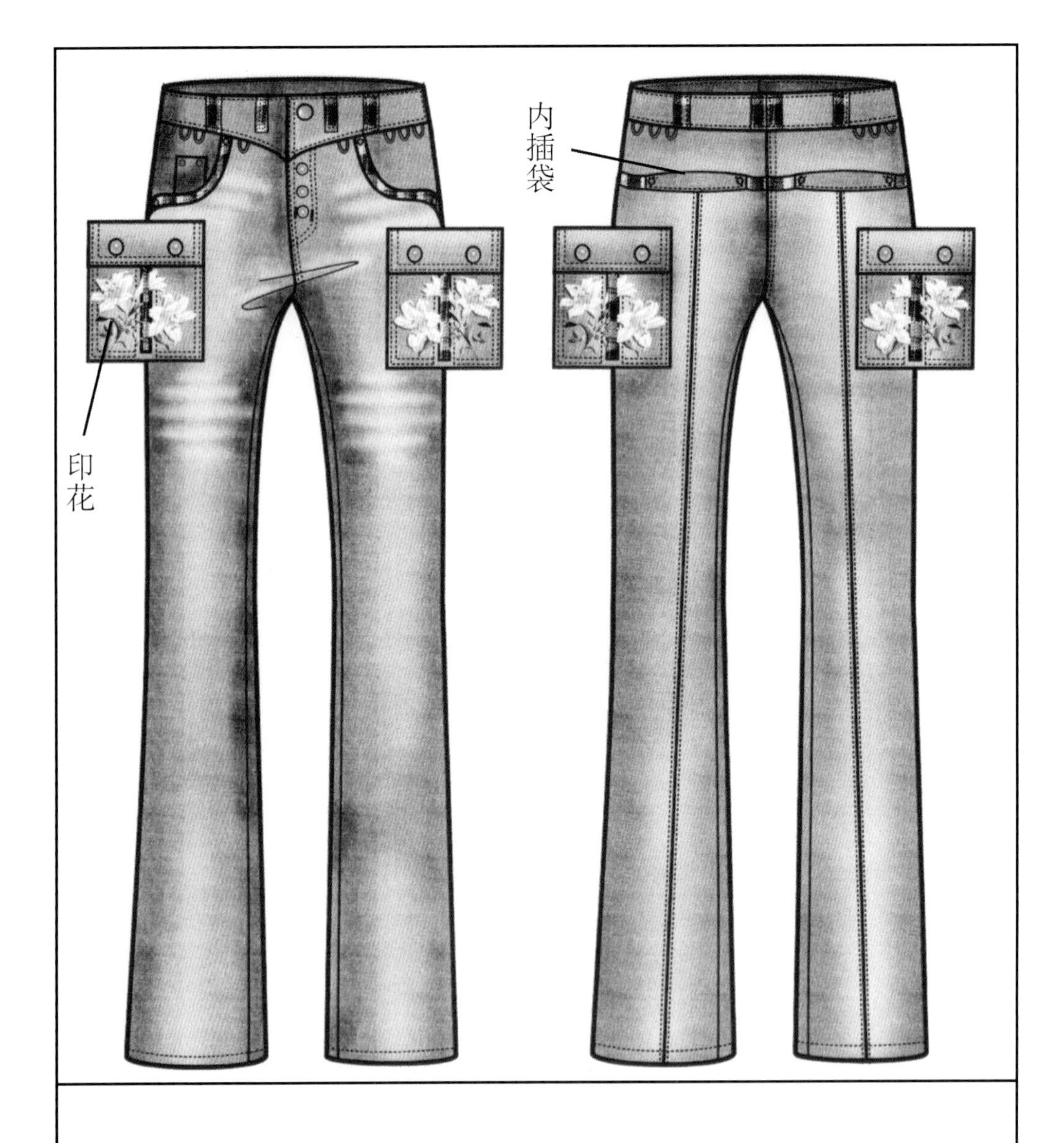

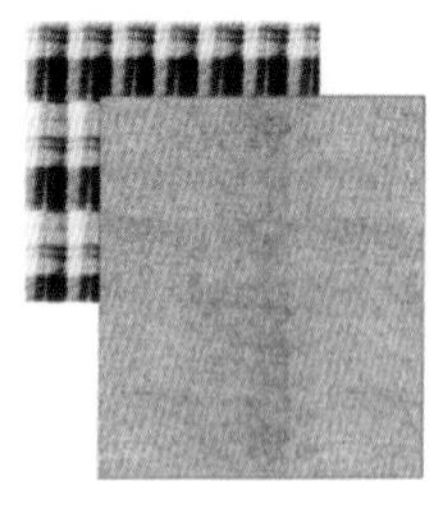

面料

款号：C0105		
号型：165/93A		单位：cm
腰围	臀围	裤长
72	93	100

图10-10　款式图的绘画技法表现手稿（十）

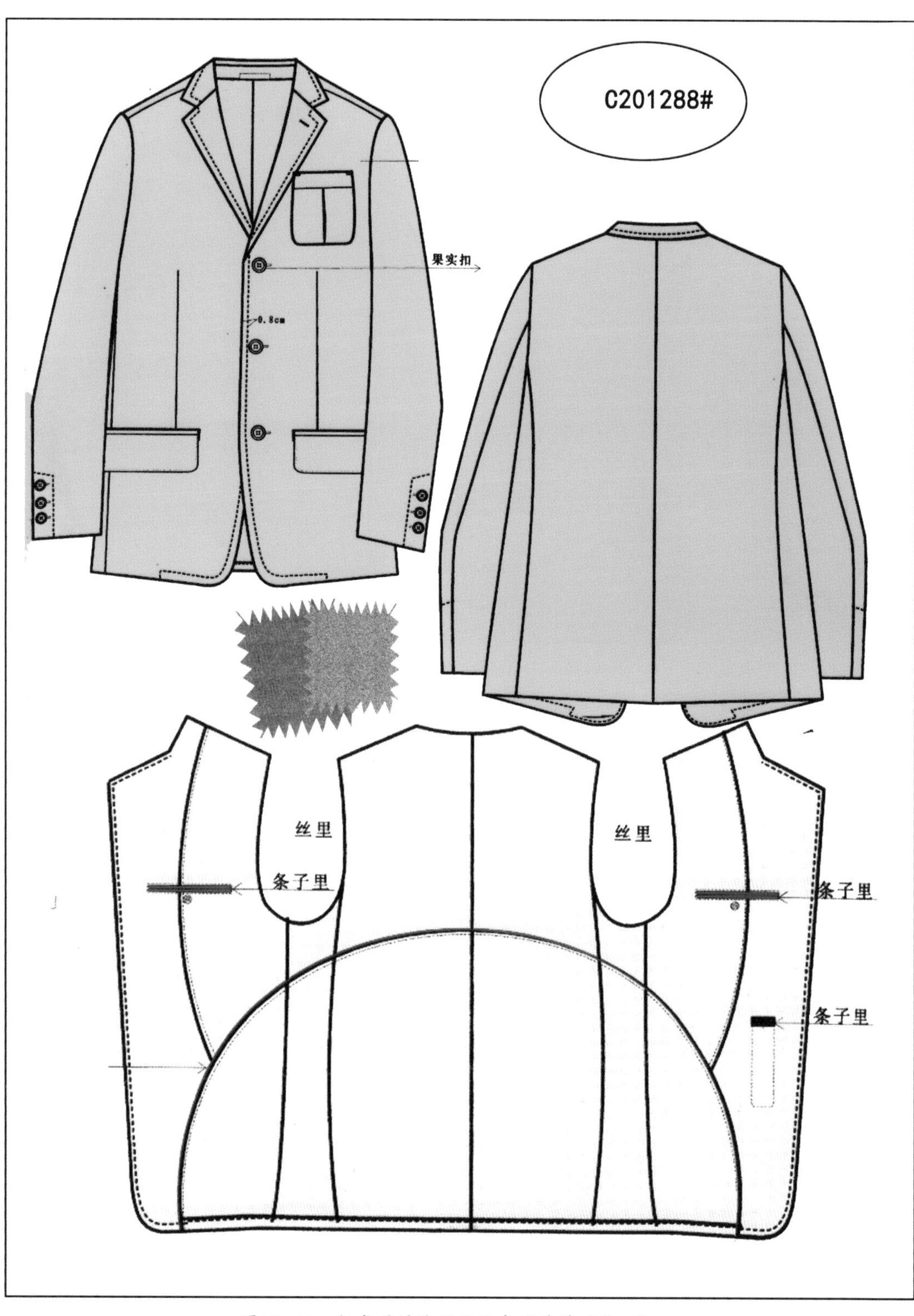

图10-11　款式图的绘画技法表现手稿（十一）

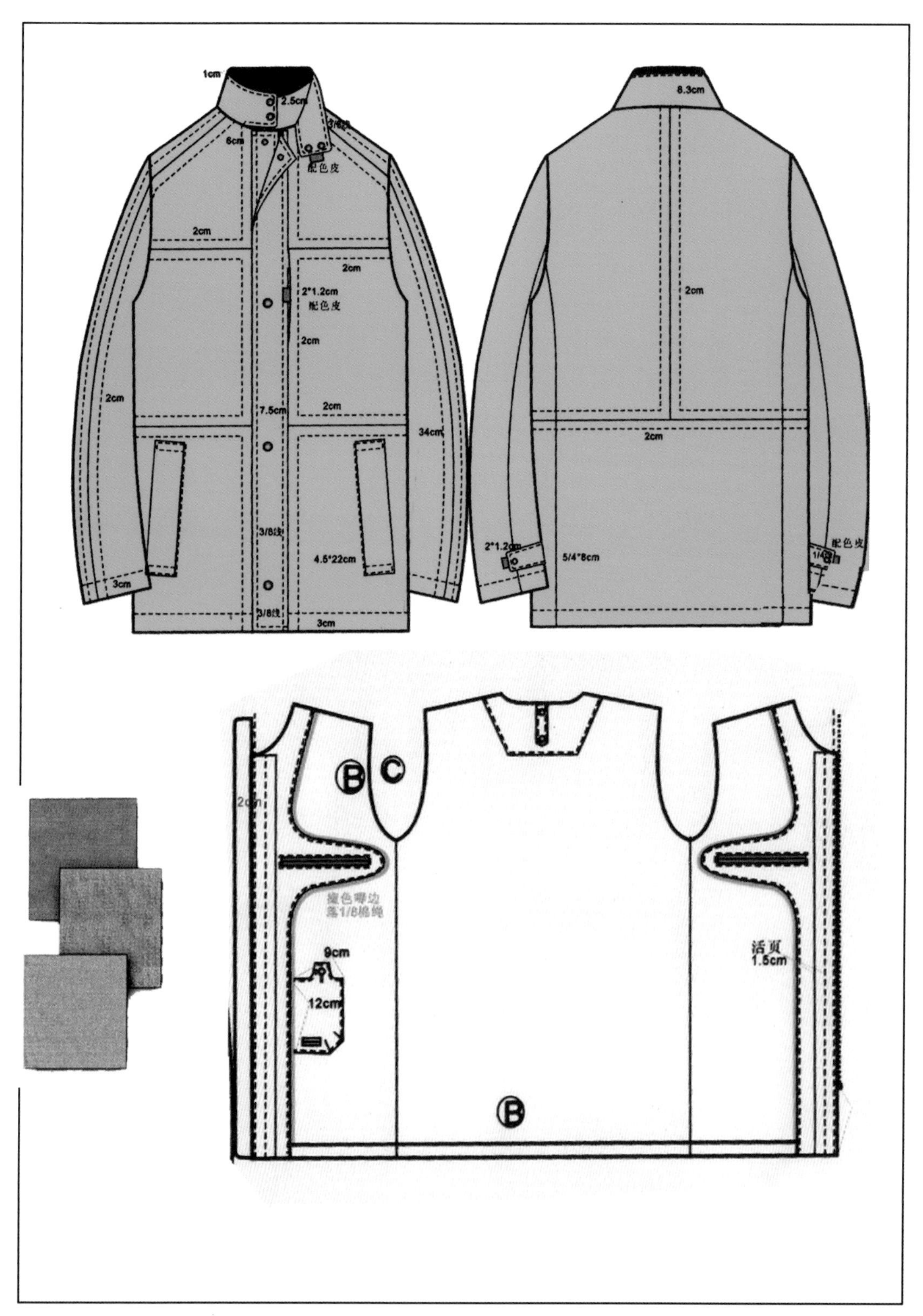

图10-12　款式图的绘画技法表现手稿（十二）

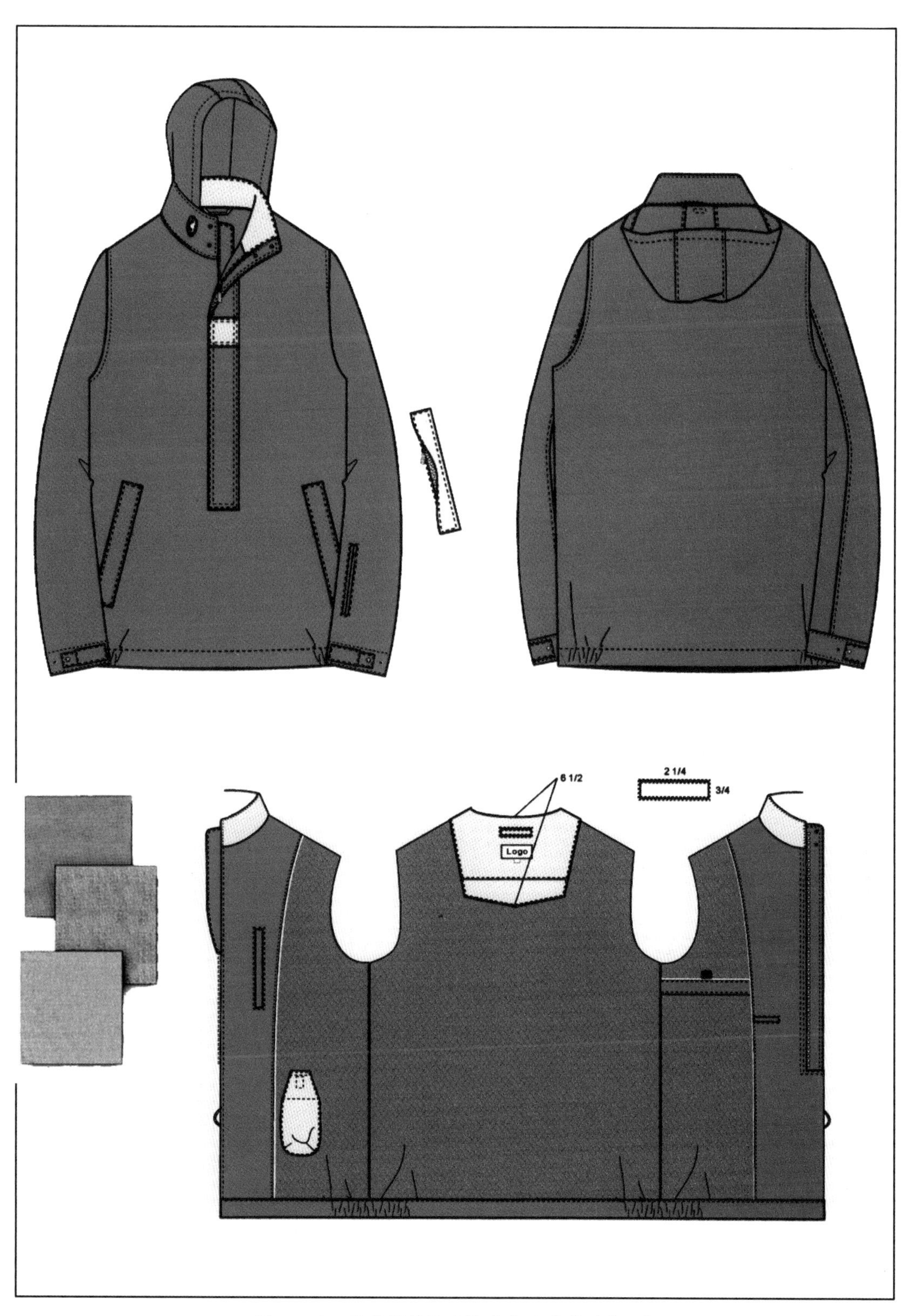

图10-13 款式图的绘画技法表现手稿（十三）

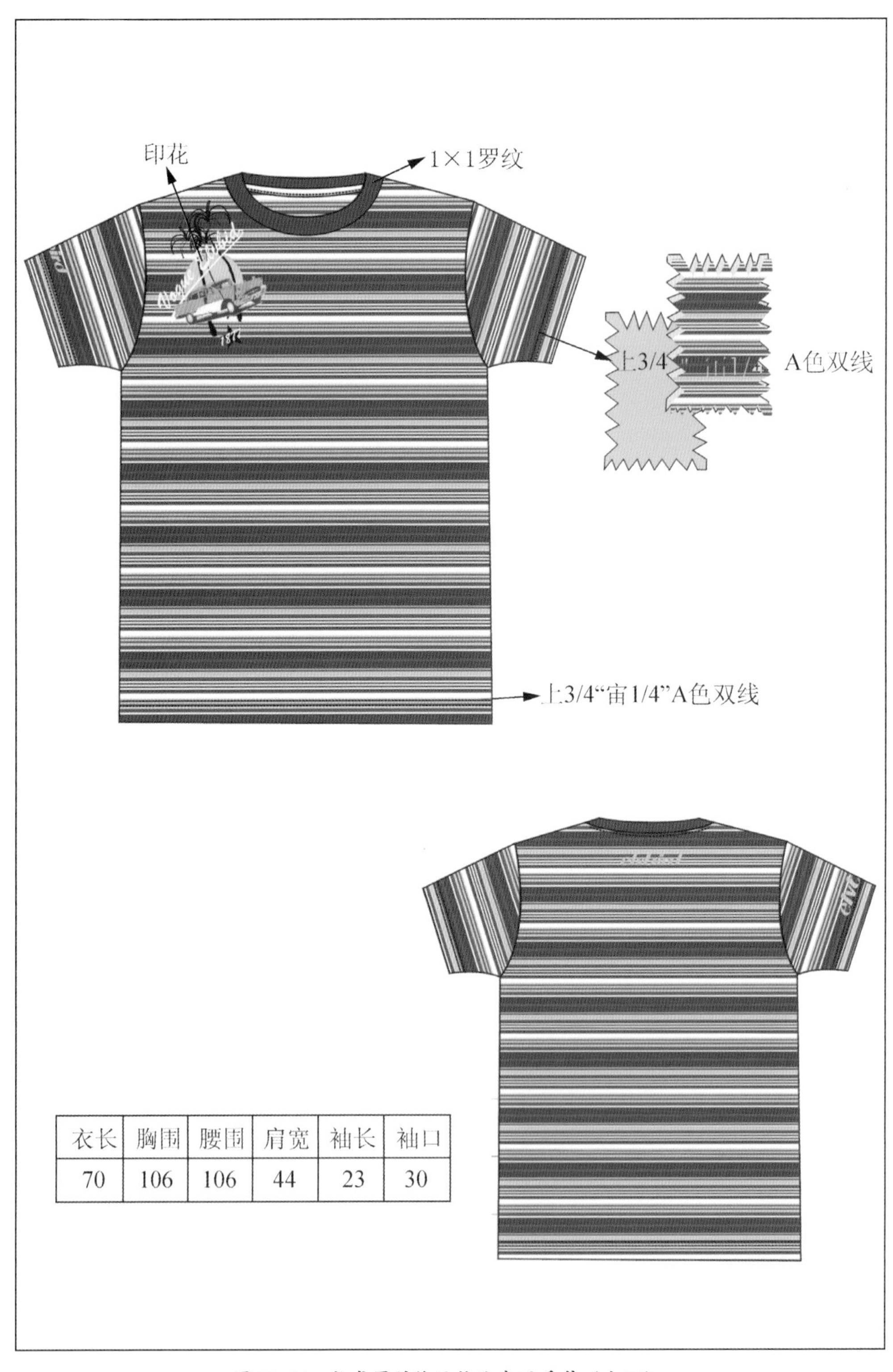

衣长	胸围	腰围	肩宽	袖长	袖口
70	106	106	44	23	30

图10-14 款式图的绘画技法表现手稿（十四）

图10-15 款式图的绘画技法表现手稿（十五）

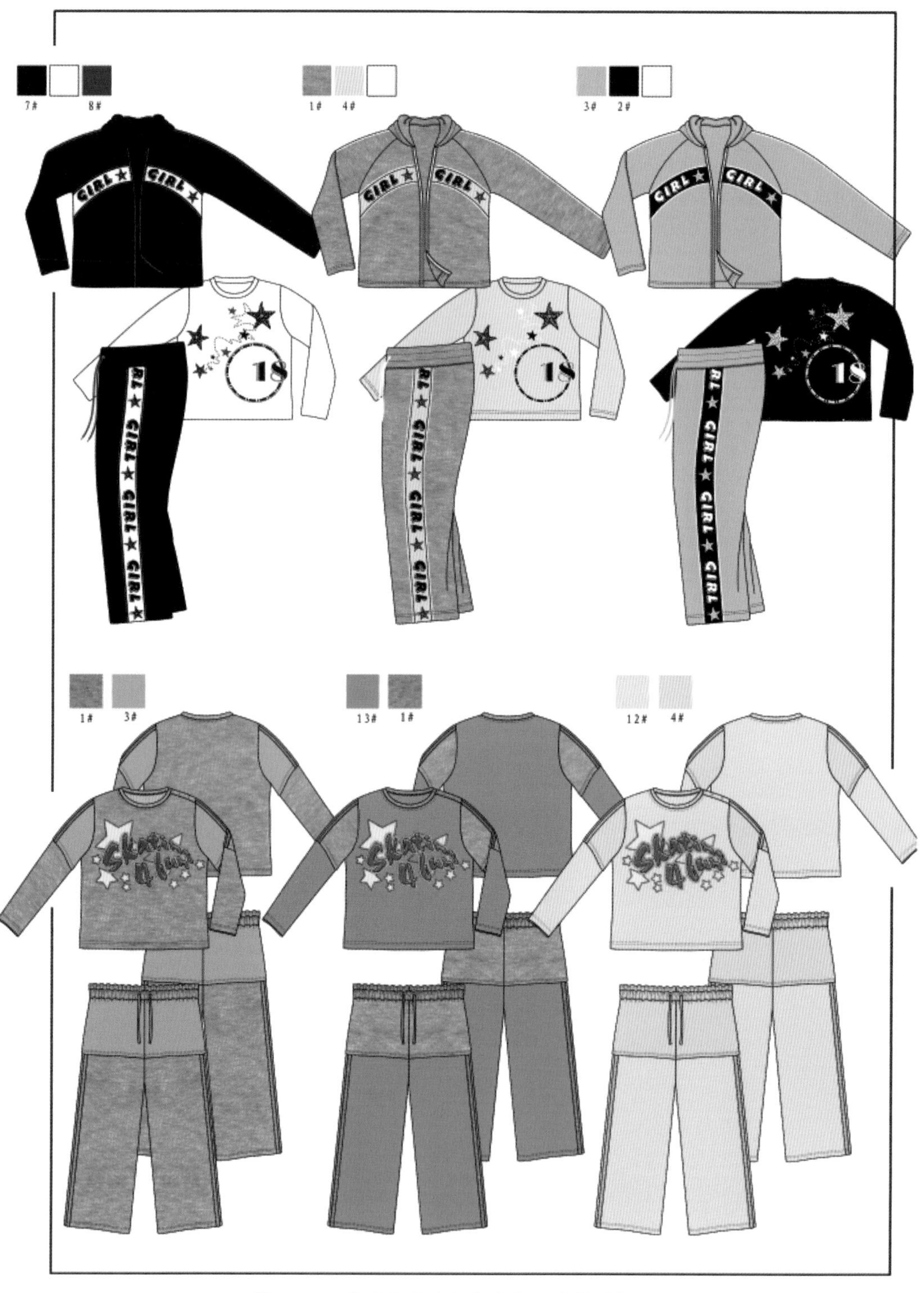

图10-16　款式图的绘画技法表现手稿（十六）

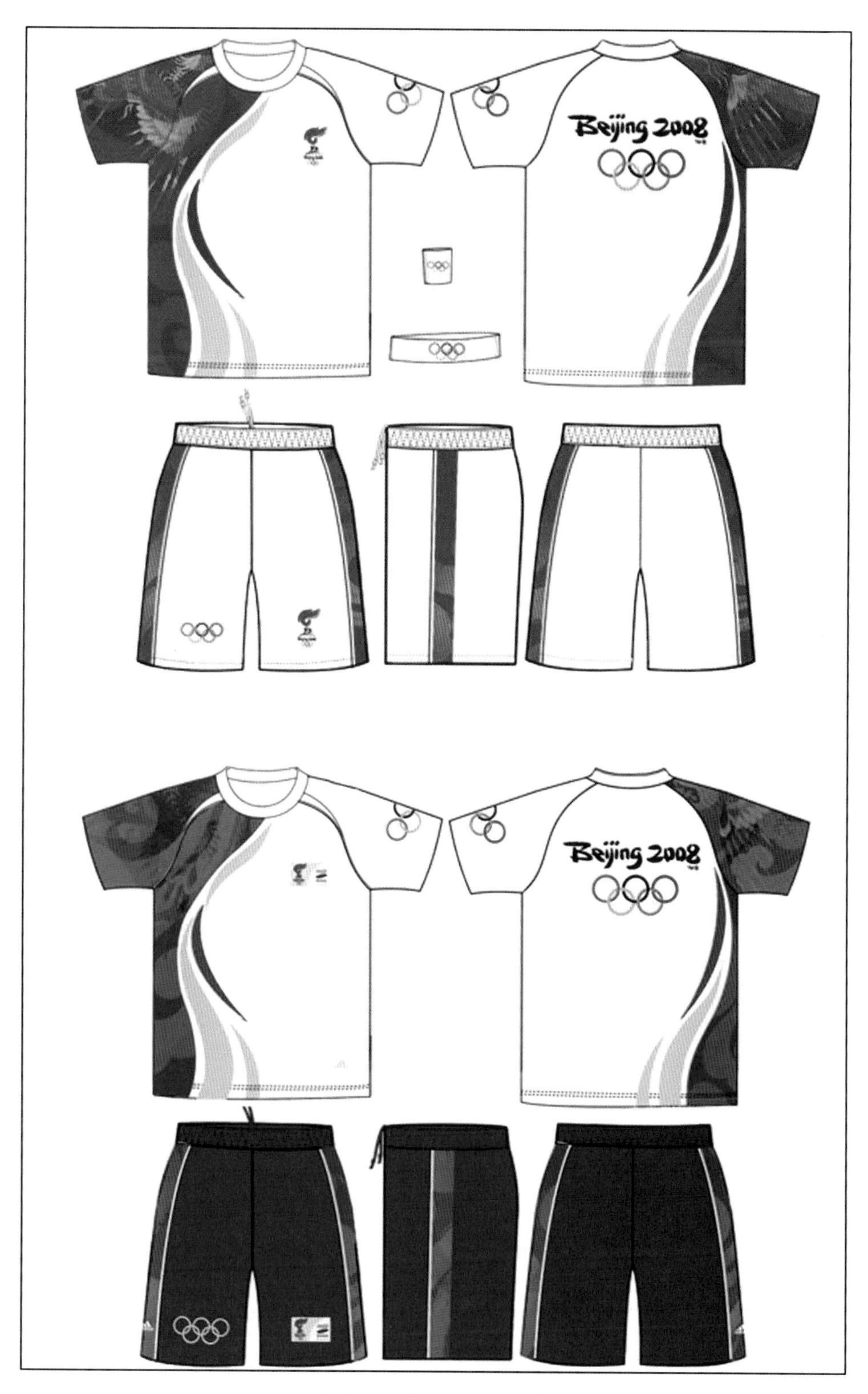

图10-17　款式图的绘画技法表现手稿（十七）

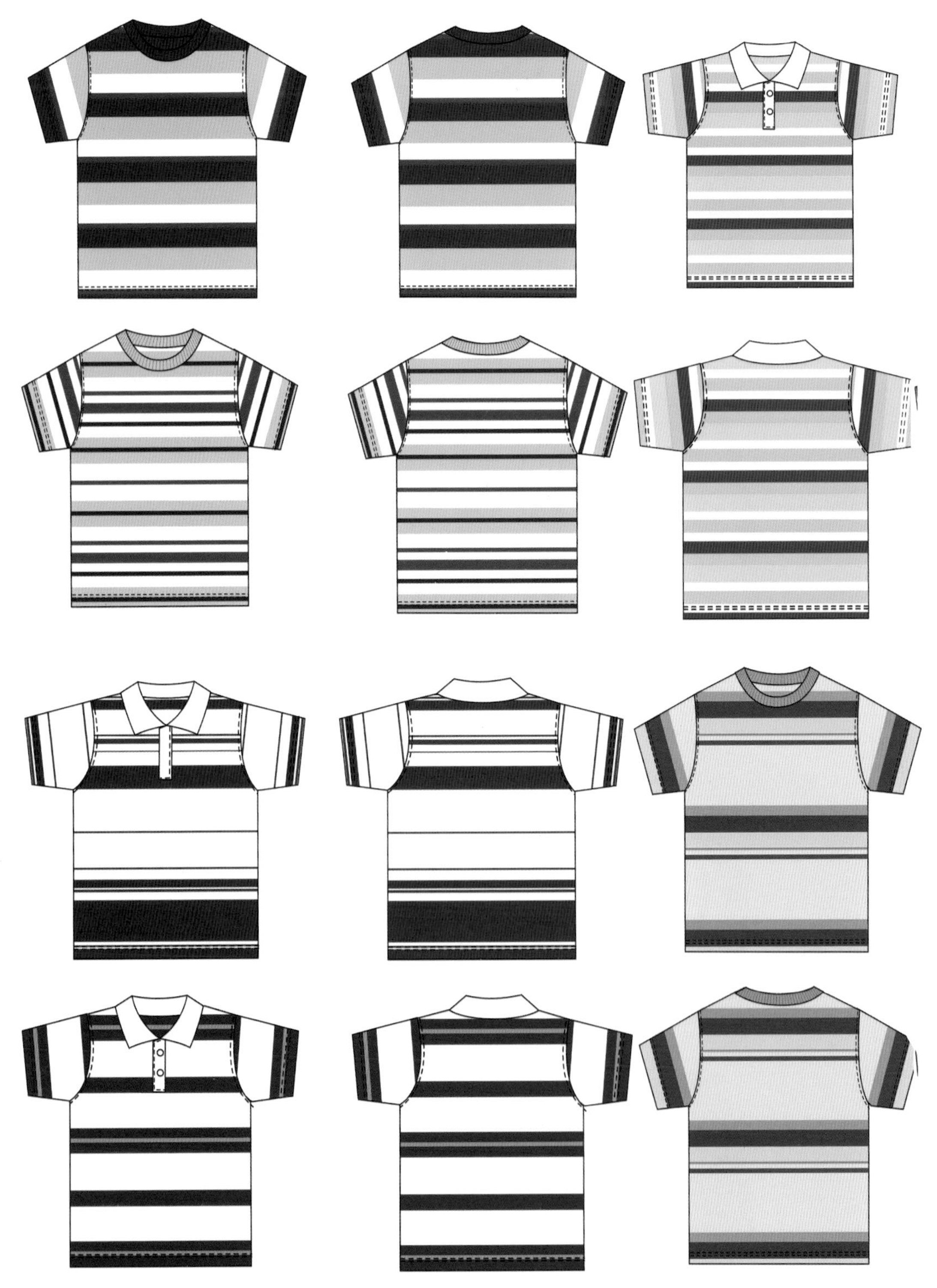

图10-18　款式图的绘画技法表现手稿（十八）

单元训练和作业

1. 课题训练

课题内容：根据本地区市场特点，设计春夏和秋冬女时装款式系列各5款以上。

课题时间：8学时。

教学方法：示范法、调查法、实验法和项目法等。

要点提示：明确设计要求为本地区春夏、秋冬女时装5款以上。

教学要求：熟悉市场流行趋势，把握市场规律，结合生产实践要求。

训练目的：理论与实践相结合，随时投入市场实践，使教学与市场零距离接轨，培养市场应用型人才。

2. 理论思考

根据所学知识，你对服装款式图的绘画技法还有其他创新吗？

第十一章 时装效果图的绘画技法

本章要求和目标

◆要求：平面效果图与立体效果图紧密结合，运用绘画技法时应具有一定的艺术性、灵活性、创造性和价值性。

◆目标：完善个人时装绘画技法，实现个性的艺术风格，打造市场应用型人才，实现个人的社会价值。

本章要点

- ◆ 时装效果图的方法分类
- ◆ 时装效果图的构图形式
- ◆ 时装效果图的表现形式

时装款式图和时装效果图是目前市场上主要的两种绘画形式，时装平面款式是服装本身，而时装效果是时装着装在人体身上的艺术效果，表达形式虽然不一样，但表达的目的和重点内容是一致的，都是为服装成衣制作做准备，并起到指导性作用，也是服装生产的技术蓝本。只有绘制优秀的时装款式图和效果图，才能生产出优秀的时装成品来。所以，我们要认真地学习时装效果图技法，为我们的未来实际设计工作打下良好的基础。

第一节　时装效果图的绘画方法分类

常用的时装效果图绘画方法有如下几类。

1. 人头比例法

人头比例法是把人体各部位长度按人头计算单位来计算。比如美术教学中“立7坐5盘3半”的说法，就是以人头来测量人体各部位长度的典范。通常，女性人体8个半头长，男性人体8又3/4个头长，小童5个头长（幼童4个头长），中童7个头长（少年），大童8个头长（青少年）。

2. 几何人体法

几何人体法是把人体视为由若干个几何体组成，如头为椭圆形，胸轮部为倒梯形，腰臀为梯形，脖子和上、下肢为圆柱体，手掌、脚掌分别由一个梯形和一个倒三角形组成，转折骨为球体组成等。

3. 人体骨架法

人体骨架法是指根据人体的骨骼，肌肉的内部结构及组合，勾勒出人体的基本造型。

4. 人体写生法

人体写生法是通过人体写生（素描或速写）逐步认识人体的结构与比例，经过长期的练习，达到离开人体就能随手勾勒出人体的具体外形轮廓与内部结构，达到熟能生巧、游刃有余的程度。

5. 人体镜像法

人体镜像法是在没有人体写生的环境下，自己面对着镜子，摆出各种姿态，掌握人体的中心线及运动规律，一边摆做姿势，一边绘画的手法，这更符合实际、也更方便。

6. 局部省略法

在进行艺术创作或写意时装画时，往往需要采用局部省略的方法，强调重点部分，省略次要部分；强调服装，省略人体局部结构（如五官、手掌、腿部结构等）。

7. 网格取点法

网格取点法是指在坐标或网格上按人头比例或人体实际尺寸进行定点取格的方法来绘制人体的全过程。

8. 目测定点法

目测定点法是指按照人体的基本比例和结构确定人体中心线，然后按从上至下，从左到右的顺序，凭自己的印象比例进行目测定点的方法。此方法适合有一定经验或对人体有一定了解的绘画者使用。养成从头到脚，一气呵成的绘画习惯，对徒手绘画的掌握有一定的好处。

9. 电脑徒手画

电脑徒手画是指运用电脑直接按人头比例法目测或几何体法、骨架法等方法进行绘制。运用电脑绘图，线条可任意调整。常用的软件如Photoshop、CorelDRAW、Auto CAD等。

10. 套衫法

随着科技的发展，专业软件的进步与开发，各大电脑软件公司相继开发了许多制版与设计软件（如金顶针、航天、富怡等），大部分是在软件中提供了针对人体设计师可随意更换衣服的面料、颜色和款式。这种方法使用方便、快捷，但也存在着一些局限性。

11. 综合法

综合法就是结合多种方法，综合进行，即按设计师的个人爱好与习惯，可选择几种或多种方法综合进行设计。

时装效果图优秀范例如图11-1至图11-5所示。

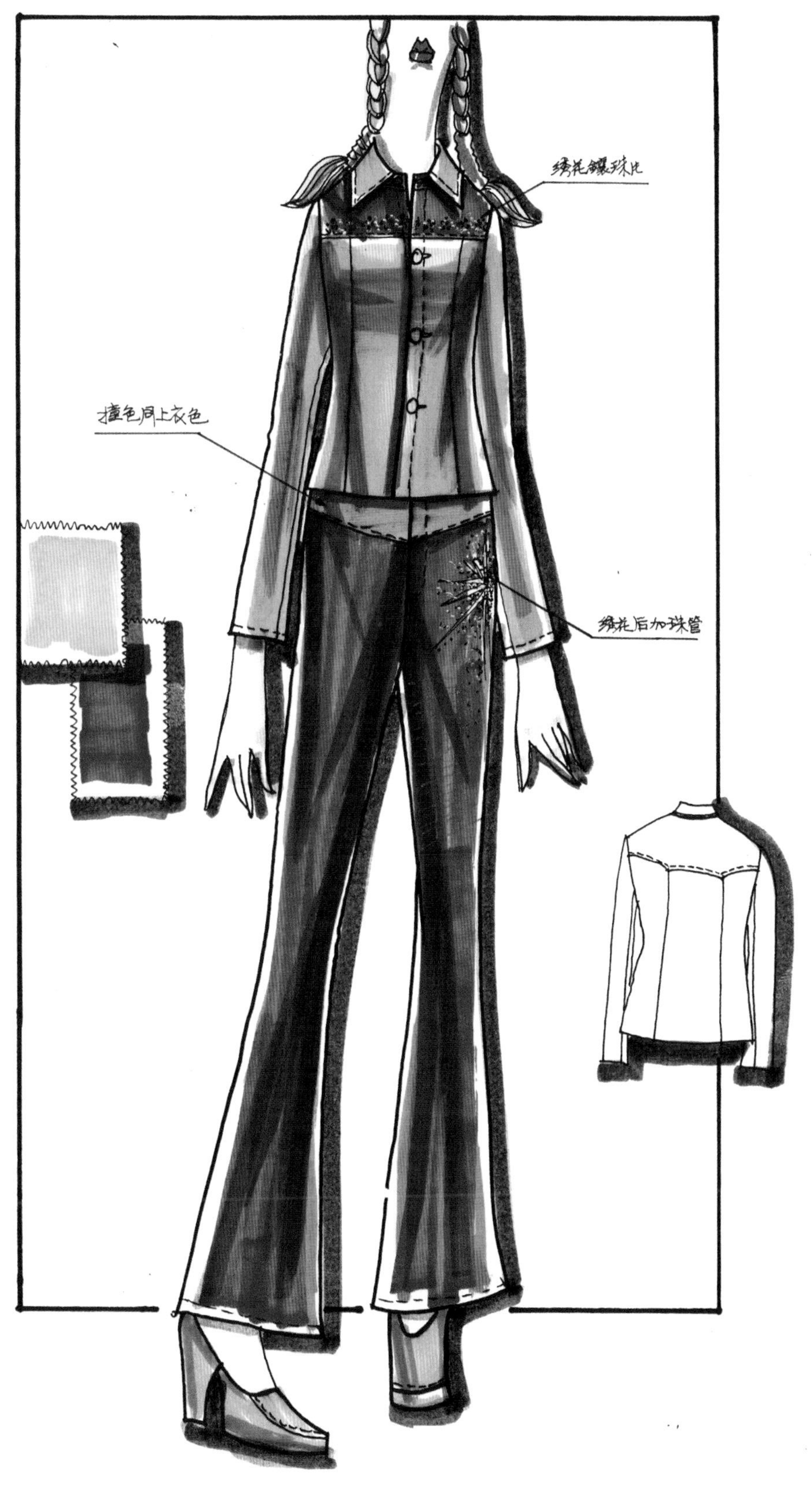

图11–1　时装效果图（一）

图11-2 时装效果图（二）

图11-3 时装效果图（三）

图11-4　时装效果图（四）

图11-5 时装效果图（五）

第二节 时装效果图的构图形式

1. 单个人物的构图

这种构图在时装画中较为常用，构图时要注意脸的朝向，脸朝着哪个方向，哪一边的空间就应大一些，要使左右产生不均匀的效果。有时还可以在旁边加点说明性的文字或服饰配件的局部表现，使画面主次分明。

2. 两个人物的构图

这种构图也较为常见，构图时要注意人物之间的呼应关系，动与静、重叠与穿插的协调关系。人物可同时站在一个平行线上，也可以将上下、前后、坐立、卧躺等不同位置和不同动态穿插起来，使画面更富有变化。

3. 多个人物的构图

这种构图较适合表现系列服装，构图时要注意画面的整体气氛、人物的主次及穿插关系。要有疏密、虚实变化，使画面产生一定的节奏感，丰富而不零乱。

时装画的构图形式还有很多，不但可以在初稿时确定好构图，也可以在绘画过程中利用背景、色彩、服饰配件不断地调整，以丰富画面构图，使其不断完善。

4. 齐排式构图

齐排式的时装画，具有一定的规律，具有整齐、清晰的特点，比较适合商业时装设计图。这种构图以左右、上下或斜势的方式排列整齐，以个体的形象(包括人物的动势、款式等)进行变化，或以个体排列时不同的紧密程度来突破齐排式呆板的格局。

齐排式构图中的形象大小相差不大，其特点是庄重、气势宏大。缺点是容易产生一种呆板的感觉。它适合于系列性较强的设计，也适合于对设计作品进行归类、组合，以及流行预测设计。

5. 错位式构图

错位式构图是由齐排式构图进行变化，演变成错位式。错位式构图是将整体排列打散，由小的组合进行高低、左右的错位排列。其特征是整齐中有变化，适合于多种形式的时装设计构图。

6. 残缺式构图

这是一种具有艺术品位的构图形式，特征是将一部分形象有意进行破坏，产生一种不平衡、不完整的感觉，使读者获得一种猎奇心理，从而来突出主题。残缺式构图适合于时装艺术广告画与插图，其独特的构图形式往往能抓住读者的视线，并与之产生共鸣。

残缺式构图形式有时表现为偏移式，即将主题往次要画面部位偏移，而产生一种新奇的构图形式。无论是哪种形式，其残缺或偏移所引起的视觉不平衡，都必须用其他手法进行弥补，使视觉感达到平衡。这种弥补手法很多，可能是用字体，或用一种虚拟体进行处理，从而达到视觉平衡的目的。

7. 主体式构图

主体式构图比较适合于时装艺术广告画与插图、时装效果图，其特征是主体突出，读者极易捕捉到时装画所宣传的主题。主体的形式可能是时装本身，也可能是设计者的设计精神。突出主体，就可能使另外的形象处于次要的地位。但突出主题，并不意味着不顾及次要部分，在效果图中，次要部分的款式及其他的形象，同样必须表达清楚和准确，不能使其完全孤立于主体，并且在次要部位依然需要进行适当的艺术处理。

8. 满铺式构图

满铺式构图是将设计的款式及所要表现的形象，不分主次，全部均齐地排列出来，这种构图比较适合时装流行预测和时装艺术广告画与插图。这种构图在处理不当的时候，容易引起琐碎感。所谓不分主次，实际上只是将主次的差别减弱而已。满铺式构图往往需要在整个画面中有一个较为主要的视觉区域，这个区域实际上是作为画面构图的中心，使画面避免琐碎和混乱，但这种构图的中心，往往被众多的内容掩盖住了。

第三节　时装效果图的表现形式

1. 写实表现法

写实表现法是以自然对象为依据的一种艺术表现形式，人物的造型、动态、服装款式要按一定的规律真实地表现出来。在表现写实时装画时，不宜像照相机式地机械模仿成为客观对象的翻版，而要通过认真分析，对客观事物进行概括、提炼，并可以将人体比例、动态进行夸张、变化，对服装色彩进行归纳处理，另外，还要注意线条的省略与取舍。总之，不能“原封不动”地表现客观对象，而应是经过艺术处理的写实应用。

有时为了强调服装某一局部的设计特征，可以除去一些不必要的细节，对主要部分进一步深入刻画、充实、完善，以突出这一特征。但要与画面的整体效果相协调，注意整体与局部的自然衔接及平衡过渡的关系。

2. 写意表现法

写意表现法是作者对民族、社会、时代、自然深邃体察的总和。它是一种意识，是一种精神，借助于笔墨之意，表达作者的情感、意志和内在气质，重视精神情感的抒发。写意表现法和“写意中国画”有很多相似之处，同样强调意在笔先，做到胸有成竹。当然也可以意在笔后，胸无成竹，这就是在表现时先随意地画出一个抽象的形态，再根据这一特殊效果来进行创作。像国画中的泼墨法一样，先产生一种特殊形象，再细心收拾、处理，达到一种变幻莫测的艺术效果。

时装画的写意表现法应着力表现服装内在的神韵和气质，追求画面的节奏、韵律、气势之美，注意运笔的轻重缓急、抑扬顿挫、方圆粗细、干湿浓淡等处理手法，以达到清新、爽快之意趣，产生笔断意连的艺术境界。

3. 装饰表现法

装饰表现法使时装画的表现对象赋予新的形式美感。它可以在具象和抽象的广阔领域里自由飞翔。时装画的装饰手法是按一定的艺术规律来强调服装的韵味，也就是化繁杂为简洁、化具象为抽象、化立体为平面，使不规则的形体规范化、抽象的形体具象化、自然状态下的形体程式化。这样才能形成独特的艺术语言。

在实际应用中，应采取归纳、增减的方法，即首先努力删除繁杂的细节，归纳理顺复杂的形、线、色，将某些局部合并或去掉，削弱非本质的东西，突出形象的本质特征。但为了使主要部分更加突出，可以进行添加修饰，以达到更完美的装饰目的，比如在服装的领、胸、袖、腰、衣摆、裙摆等主要部位进行添加，而对其他一些次要部位进行削减，以增强其形象的节奏感和装饰趣味，使之疏密有序，繁简有效。

4. 省略表现法

省略法含蓄而简洁，具有形象强烈、重点突出的特点，而且能使画面产生笔断意连、令人浮想的意境。运用省略法，一定要在充分掌握了人体结构、表情、基本动态及质感和图案表现的基础上，才能运用得出神入化，否则，该省的不省，不该省的省去了，就失去了省略的意义。省略表现法要注意以下几个方面：

（1）在画较高雅的服装时，往往省略了面部、手脚甚至腿部，这样可使画面显得柔和、优雅，并可以使观赏者对服装获得更强的印象。

（2）除了面部、腿部外，服装也可以根据需要加以省略，要运用简练的线条或块面进行描绘。

（3）省略了嘴、下巴或头发的一部分，也不会影响画面的感染力，但是不要因为省略而改变各部位之间的相互关系。如在画面中省略了下巴，但绘画时在颈的上部必须留下空位，向观赏者暗示出该空着的位置就是原来的下巴，使画面产生笔断意连的艺术效果。

（4）当画中绘有帽子或腰带等表现较强烈的服饰配件时，往往将面部省略，有时会只绘制几丝头发或耳环作为衬托，以此强调了对服装的表现。

第四节　时装效果图欣赏

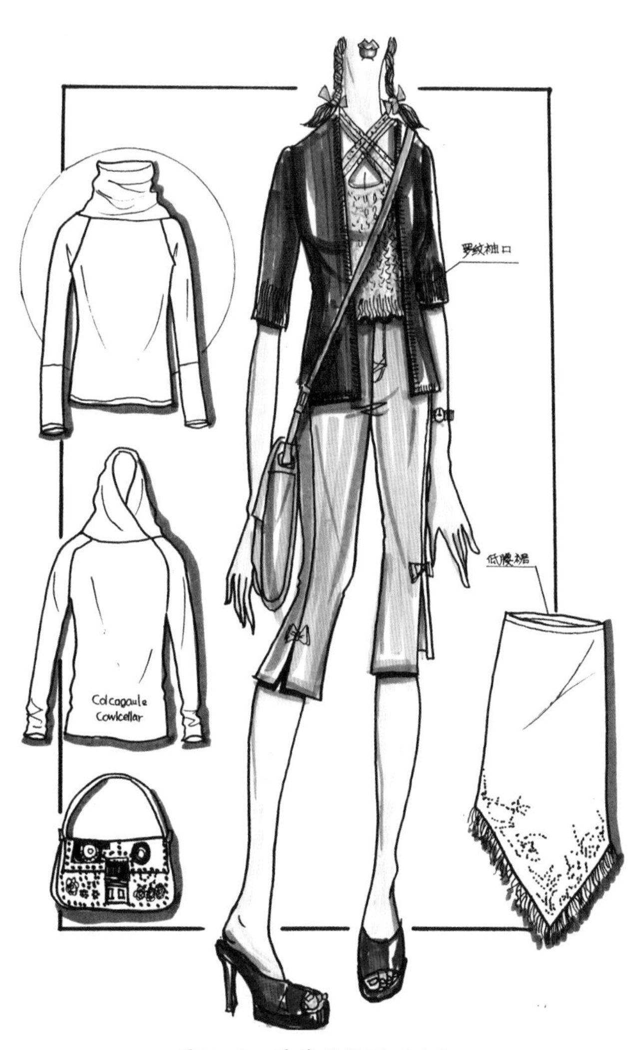

图11-6　时装效果图（六）

图11–7　时装效果图（七）

图11-8 时装效果图（八）

图11-9　时装效果图（九）

图11-10 时装效果图（十）

图11-11　时装效果图（十一）

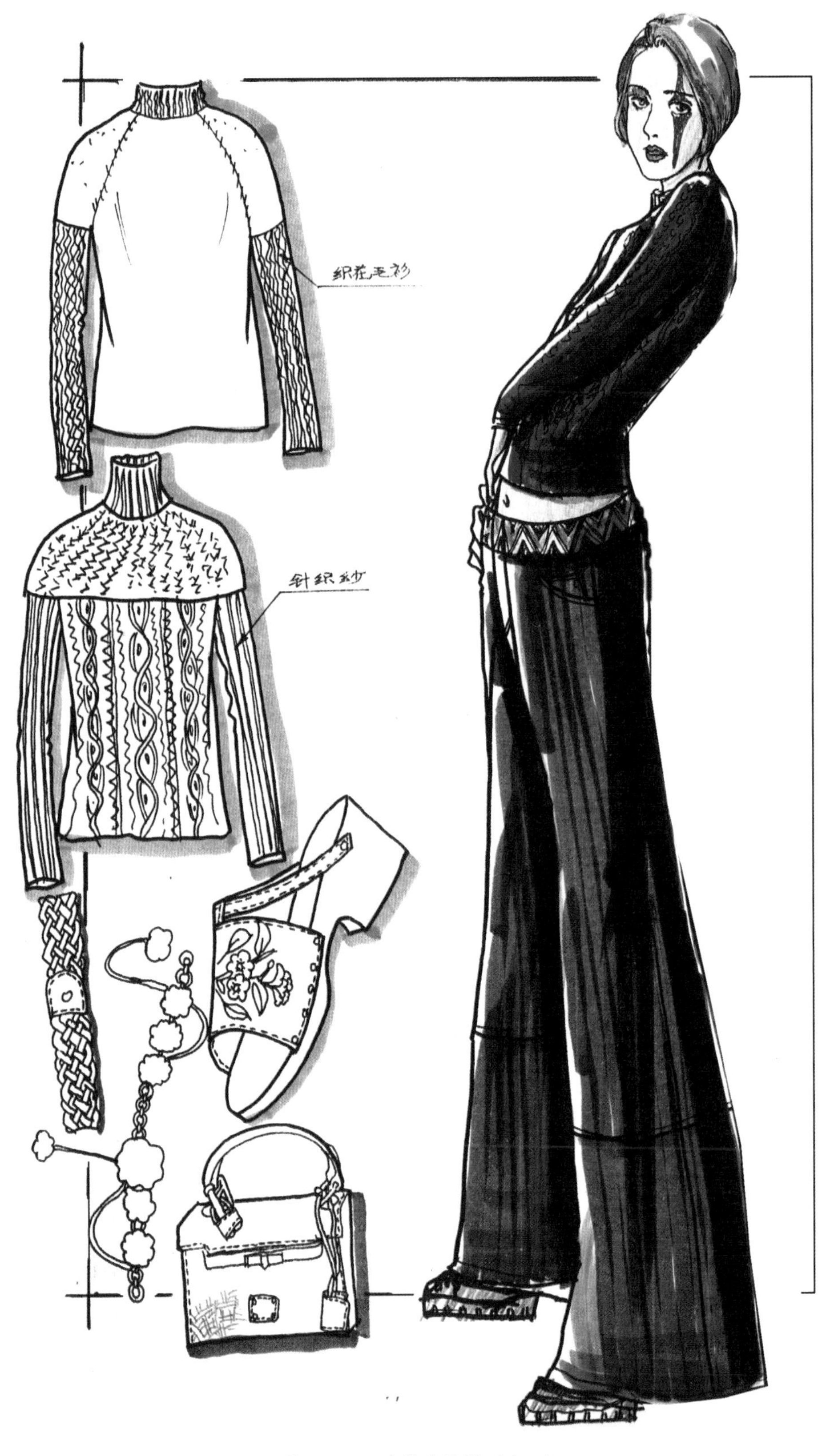

图11-12　时装效果图（十二）

图11-13　时装效果图（十三）

图11-14 时装效果图（十四）

图11-15　时装效果图（十五）

图11-16 时装效果图（十六）

图11–17　时装效果图（十七）

单元训练和作业

1. 课题训练

课题内容：

（1）根据本地区市场特点，设计春夏和秋冬的男、女、童时装款式系列各3款以上。

（2）根据所学知识，为当地一个三星级以上的酒店设计一个完整的制服设计方案，并参与投标。

课题时间：8学时。

教学方法：示范法、调查法、实验法和项目法等。

要点提示：明确设计要求，即本地区，春夏和秋冬的男、女、童时装3款以上等内容。

教学要求：熟悉市场流行趋势，把握市场规律，结合生产实践要求。

训练目的：理论与实践相结合，随时投入市场实践，使教学与市场零距离接轨，培养市场应用型人才。

2. 理论思考

时装与制服在设计表现上有何不同？你现在能胜任时装设计和制服设计工作吗？检验一下自己与市场需求的距离相差有多远，你准备好了吗？

参 考 文 献

[1] 林云屏，来林．服装设计[M]．杭州：浙江摄影出版社，1999．

[2] 蒋爱华．基础服装画[M]．中国台北：新形象出版事业有限公司，1983．

[3] 马蓉．服饰品设计[M]．北京：中国轻工业出版社，2001．

[4] 白湘文，赵惠群．美国时装画技法[M]．北京：中国轻工业出版社，1998．